电子产品制作与调试

主　编　陈玉峰　葛云涛
副主编　张慧玲　李富强
　　　　王岳军　张　丹

U0234503

北京理工大学出版社
BEIJING INSTITUTE OF TECHNOLOGY PRESS

内 容 提 要

　　本书顺应高职教学改革需要，依据制造类专业国家教学标准，结合企业生产实际，校企合作编写了新型活页式教材。全书分上、中、下三篇，采用模块式结构编写。主要内容包括电子元器件的识别与检测、常用仪器仪表、电子产品焊接技术、电子产品制作工艺、电子产品制作与调试实操训练、控制系统的安装与调试、智能产线控制与运维系统。

　　本书可作为高等院校电子、机电等专业的教材，也可作为有关工程技术人员岗位培训和自学用书。

图书在版编目（CIP）数据

电子产品制作与调试 / 陈玉峰，葛云涛主编 . -- 北京：北京理工大学出版社，2023.11
ISBN 978-7-5763-3231-5

Ⅰ . ①电… Ⅱ . ①陈… ②葛… Ⅲ . ①电子产品－生产工艺－高等学校－教材 Ⅳ . ① TN05

中国国家版本馆 CIP 数据核字（2023）第 233632 号

责任编辑：王梦春		**文案编辑**：辛丽莉	
责任校对：周瑞红		**责任印制**：王美丽	

出版发行 / 北京理工大学出版社有限责任公司
社　　址 / 北京市丰台区四合庄路 6 号
邮　　编 / 100070
电　　话 / （010）68914026（教材售后服务热线）
　　　　　　 （010）63726648（课件资源服务热线）
网　　址 / http://www.bitpress.com.cn
版 印 次 / 2023 年 11 月第 1 版第 1 次印刷
印　　刷 / 河北鑫彩博图印刷有限公司
开　　本 / 787 mm×1092 mm　1/16
印　　张 / 12
字　　数 / 254 千字
定　　价 / 65.00 元

党的二十大报告明确，要把大国工匠和高技能人才作为人才强国战略的重要组成部分，提出要职普融通、产教融合、科教融汇、优化职业教育类型定位。本书全面贯彻落实党的二十大精神，充分体现党的二十大报告提出的职业教育思想。主要特点如下：

（1）党的二十大报告提出"育人的根本在于立德"。通过【以工匠精神筑梦新时代】【精益求精勇于创新——工匠精神述评】等案例融入社会主义核心价值观、民族理想信念、工匠精神元素，体现"厚基础、重应用、强素养、求创新"的特点。

（2）校企合作，产教融合，科教融汇，紧密结合企业电子产品的生产实际。以电子产品整机生产为主线，系统地讲述了电子元器件的识别与检测，常用仪器仪表，电子产品的焊接技术、制作及调试过程；以企业的智能产线控制与运维系统为例，从产品预制、生产工艺流程、产线系统运行、设备注意事项及日常维护，以及社会化效果方面完整详细地进行了介绍。

（3）以操作为主线，以技能为核心，内容由易到难，循序渐进，符合认知规律。

（4）理论知识叙述通俗易懂，简明扼要。理论知识以实用为目的，书中选用了大量的实物及实际操作图片，使知识和技能直观化、真实化，方便教学。

（5）体现新知识、新技术、新工艺和新方法。本书介绍了贴片元器件、表面安装技术等内容，力求反映该领域的最新发展情况。

（6）可读性和可操作性强，内容简约，图文并茂，突出技能，贴近生产实际。

（7）以项目为引领，以工作任务为驱动，以操作技能为主线，采用"学中做，做中学，学做一体化"模式，将理论知识与技能训练结合，通过有针对性的任务操作训练，逐步掌握一个个小的技能点，从而实现对整个项目单元知识、技能的全面掌握。

（8）有机融入企业自动化产品的研发、研制、调试的全流程，了解并感受企业真实的产品研发过程。

（9）将网络技术与多媒体技术引入纸质载体，配套"微视频"、动画等学习资源，在书中以二维码链接形式呈现。手机扫描书中的二维码进行查看，随时随地获取学习内容，享受学习新体验。

全书建议教学学时为 60 ～ 80，教学时可结合具体专业实际，对教学内容和教学学时数进行适当调整。

本书由呼和浩特职业学院陈玉峰、肯拓（天津）工业自动化技术有限公司葛云涛担任主编，由呼和浩特职业学院张慧玲、李富强、张丹和肯拓（天津）工业自动化技术有限公司王岳军担任副主编，具体编写分工为：陈玉峰负责本书的整体设计并编写项目 5；葛云涛负责企业拓展篇的整体框架构建和内容的筛选，并编写项目 6 和项目 7，与陈玉峰共同完成项目 5 中的 5.2 ～ 5.5；张慧玲编写项目 1；李富强编写项目 2 和项目 3；张丹编写项目 4；王岳军参与编写项目 6 和项目 7；全书的统稿、定稿工作由陈玉峰完成。

在编写本书的过程中，编者参考了国内出版物中的相关资料及网络资源，在此对相关的作者表示深深的谢意！

由于编者水平有限，不妥、疏漏之处在所难免，敬请读者批评指正。

编　者

CONTENTS 目录

CONTENTS

下篇　企业拓展篇

上篇　基础篇

项目 1　电子元器件的识别与检测

学习目标

1. 知识目标

（1）熟悉各类电子元器件的基本构造和外形特征；

（2）掌握各类电子元器件的分类及应用场景；

（3）掌握各类电子元器件的基本性能和工作原理。

2. 能力目标

（1）学会各类电子元器件的检测方法；

（2）准确掌握各类检测仪器的应用场景及读数方法；

（3）能够判断和排除各类电子元器件的一般故障；

（4）熟练掌握常用电子元器件的焊接方法及工艺要求。

3. 素质目标

（1）增强严谨细致的按章操作意识，养成工具三清点的良好习惯；

（2）牢固树立安全用电意识，强化安全质量意识及安全环保意识；

（3）具备精益求精和勇于创新的工匠精神；

（4）培养团结协作、勇于担当的团队精神；

（5）厚植忠于职守、爱岗敬业的职业精神和职业情怀。

　　电子元器件是电子设备最核心的组成部分，在电子设备运行中具有牵一发而动全身的效应。纵观我国电子元器件的发展历程，产量一直处于稳步上升趋势。随着下游市场消费电子、汽车电子、国防和工业电子等多个行业的高速发展，特别是后疫情时代全球数字化进程的加速，在新型基建政策及"双碳"目标导向的指引下，新能源汽车电子、物联网、AR/VR等市场需求持续放量，而欧美等国家却对我国集成电路行业实行"卡脖子"的断供封堵，进而导致我国半导体供应紧缺或将延缓部分需求释放。在此背景下，在电子元器件的飞速发展以及可靠性要求不断提高的趋势下，中国大力加快电子元器件自主创新步伐刻不容缓，同时，检测技术的高效性、精准性也力求跟上电子元器件的技术发展以及下游应用领域的变化，确保我国电子元器件产业的持续稳定和健康发展。

1.1 电阻器与电位器

1.1.1 电阻器

电阻器一般称为电阻。常见的电阻有碳膜电阻、金属膜电阻、绕组电阻和安全电阻，前两种电阻应用最为广泛，而电位器实质上是一个阻值可变的电阻。在实践中，电阻损伤的情况有以下特点：低阻值电阻（100 Ω以下）和高阻值电阻（100 kΩ以上）损伤率高，中间阻值的电阻（数百欧至数万欧）损伤很小；当低阻值电阻损坏时，通常会烧焦和发黑，而当高阻值电阻损坏时，痕迹很少。绕线电阻一般用于大电流限流，阻值小。常见的圆柱形绕线电阻烧坏时，有的会变黑，有的会表面开裂，还有的没有痕迹。水泥电阻是一种绕线电阻，烧坏时有的会断裂，有的没有痕迹。经常发现，保险丝电阻烧坏时，有的表面会烧裂和掉皮，有的则不会被烧焦或变黑，表面没有痕迹。根据这些特点，可以重点检查电路中的电阻，快速发现损坏的电阻，如图1-1所示。

图1-1　电路中损坏的电阻

常见电阻的外形如图1-2所示。

图1-2　常见电阻的外形

电阻是电子设备中最经常应用的电子元件，物理上用英文字母"R"来表示。通常在一个电子设备中，存在多个电阻同时运行情况，为了方便识别，会在"R"后面加上一个编号，如编号为258的电阻通常简写成"R258"。在电路中，电阻的重要作用有很多，主要分为分流、限流、分压、滤波和偏置，阻抗匹配电阻的单位为欧姆（Ω），倍率单位有千欧（kΩ）和兆欧（MΩ）等，见表1-1。

表1-1　电阻倍率

符号	R	K	M	G	T
单位	欧姆（Ω）	千欧姆（10^3 Ω）	兆欧姆（10^6 Ω）	千兆欧姆（10^9 Ω）	兆兆欧姆（10^{12} Ω）

1. 电阻的型号命名方法

电阻的型号命名方法以及常见电子元件的允许偏差分别见表1-2和表1-3。

表1-2　电阻的型号命名方法

第一部分		第二部分		第三部分		第四部分
用字母表示主称		用字母表示材料		用数字或字母表示特征		用数字表示序号
符号	意义	符号	意义	符号	意义	
R W	电阻 电位器	T P U C H I J Y S N X R G M	碳膜 硼碳膜 硅碳膜 沉积膜 合成膜 玻璃釉膜 金属膜（箔） 氧化膜 有机实芯 无机实芯 线绕 热敏 光敏 压敏	1，2 3 4 5 7 8 9 G T X L W D	普通 超高频 高阻 高温 精密 电阻——高压 电位器——特殊函数 特殊 高功率 可调 小型 测量用 微调 多圈	额定功率 阻值 允许误差 精度 等级

表1-3　常见电子元件的允许偏差

允许偏差代码	B	C	D	F	J	K	M	U	W	Y
允许偏差范围 /%	±0.1	±0.2	±0.5	±1	±5	±10	±20	±0.02	±0.05	±0.005

例如：RJ71-0.125-5.1KI

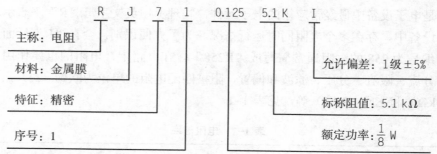

R	J	7	1	0.125	5.1 K	I

主称：电阻

材料：金属膜

特征：精密

序号：1

允许偏差：1级 ±5%

标称阻值：5.1 kΩ

额定功率：$\frac{1}{8}$ W

2．电阻的标示方法

固定电阻的标示方法通常有两种：直标法和色环法。直标法是通过一些代码符号将电阻的阻值等参数标示在电阻上；色环法是一般电阻常见的标示方法，通过色环不同颜色和不同位置标示阻值。

（1）直标法。

①第一位数字和第二位数字是有效数字，第三位数字表示有效数字后面零的个数。例如，$391=39×10^1 \ \Omega$。

②第一个字母前面的数字表示整数阻值，后面的数字表示小数阻值；第一个字母表示阻值的倍率；第二个字母表示最大允许偏差。

例如，$5K8=5.8 \ k\Omega$，$78R=78 \ \Omega$，$R58=0.58 \ \Omega$，$8K6J=8.6 \ k\Omega±5\%$。

（2）色环法。

①熟记：黑 0、棕 1、红 2、橙 3、黄 4、绿 5、蓝 6、紫 7、灰 8、白 9。金色表示误差为 5%；银色表示误差为 10%；透明表示误差为 20%。

色环有效数字阻值如图 1-3 所示。

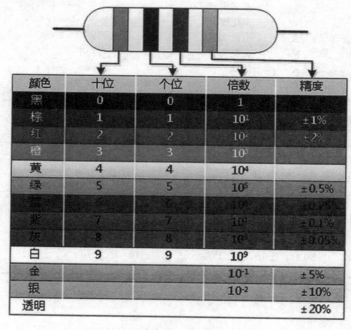

颜色	十位	个位	倍数	精度
黑	0	0	1	
棕	1	1	10^1	±1%
红	2	2	10^2	±2%
橙	3	3	10^3	
黄	4	4	10^4	
绿	5	5	10^5	±0.5%
蓝	6	6	10^6	±0.2%
紫	7	7	10^7	±0.1%
灰	8	8	10^8	±0.05%
白	9	9	10^9	
金			10^{-1}	±5%
银			10^{-2}	±10%
透明				±20%

图 1-3　色环有效数字阻值

②四色环电阻实物及读数如图1-4所示。第一道色环表示阻值的第一位有效数字；第二道色环表示阻值的第二位有效数字；第三道色环表示阻值倍数；第四道色环表示允许偏差；金色表示误差为5%、银色表示误差为10%、透明表示误差为20%。如图1-4（b）所示，该电阻为棕绿橙金，因此该阻值为 $15\ \Omega \times 10^3 \pm 5\%$。

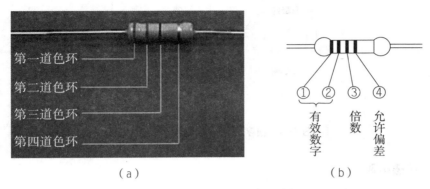

（a）   （b）

图1-4　四色环电阻实物及读数

③五色环电阻实物及读数如图1-5所示。第一道色环表示阻值的第一位有效数字；第二道色环表示阻值的第二位有效数字；第三道色环表示阻值的第三位有效数字；第四道色环表示阻值倍数；第五道色环表示允许偏差。该电阻为灰蓝黑蓝绿，因此阻值为 $860\ \mathrm{M}\Omega \pm 0.5\%$。

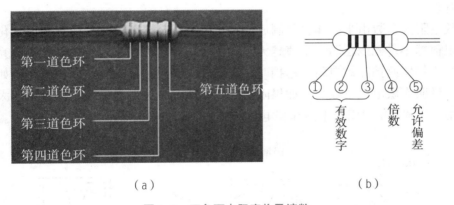

（a）   （b）

图1-5　五色环电阻实物及读数

3．电阻的检测

用数字万用表测量阻值不用调零，将挡位旋转到适当 Ω 挡，打开电源开关测量即可。测量时，两表笔不分正负，分别接到被测电阻的两端，显示屏读取阻值，如显示"000"（短路），显示"1"（断路）或显示值与电阻标注值相差很大，则说明电阻已损坏。数字万用表测量电阻的阻值如图1-6所示。

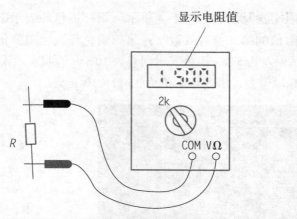

图 1-6　数字万用表测量电阻的阻值

1.1.2　敏感电阻

1．光敏电阻的识别与检测

光敏电阻的型号通常由三部分组成。第一部分表示光敏电阻，用 MG 表示。第二部分表示用途及含义，用数字表示，如 0 表示特殊，1、2、3 表示紫外线，4、5、6 表示可见光，7、8、9 表示红外线。第三部分表示序号。例如，型号为 MG14-15 的电阻，"MG"表示光敏电阻，"1"表示紫外线，"4-15"表示序号，该型号表示的含义：序号为 4-15 的紫外光敏电阻。

光敏电阻大多数由半导体材料制成，特点是其阻值会随着光线的强弱而变化，光线越强，阻值越小；光线越弱，阻值越大。检测时，万用表两支表笔分别接被测光敏电阻的两端，用物体遮挡光敏电阻，遮挡时，阻值较大；移去遮挡物，阻值较小。如果阻值无变化，说明光敏电阻已损坏；如果阻值变化不明显，说明光敏电阻的灵敏度太差，也不宜使用。检测光敏电阻暗电阻和亮电阻如图 1-7 和图 1-8 所示。

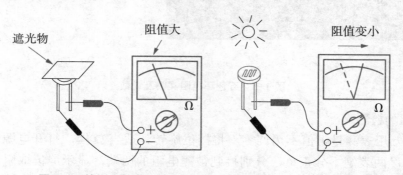

图 1-7　检测光敏电阻暗电阻　　　　图 1-8　检测光敏电阻亮电阻

2．湿敏电阻的识别与检测

湿敏电阻的型号通常由三部分组成。第一部分表示湿敏电阻，用 MS 表示。第二部分表示用途及含义，用字母表示，如无字母表示通用，K 表示控制温度，C 表示测量温度。第三部分表示序号。例如，型号为 MSK08-C 的电阻，"MS"表示湿敏电阻，"K"表示控制温度,"08-C"表示序号。该型号表示的含义:序号为08-C的控制温度用湿敏电阻。

先将万用表置于R×1 k挡,然后将两支表笔分别接在湿敏电阻两引脚上测其阻值,一般为1 kΩ左右,如果阻值远大于1 kΩ,则说明湿敏电阻已损坏。接着用棉签加湿湿敏电阻,再次测量其阻值,如果测得的阻值比正常湿度时所测得的阻值大(或小),则说明湿敏电阻正常;如果加湿后阻值变化不明显或不变化,则说明湿敏电阻已损坏或性能差。

3．气敏电阻的识别与检测

气敏电阻的型号通常由三部分组成。第一部分表示气敏电阻,用MQ表示。第二部分表示用途及含义,用字母表示,如J表示酒精检测用,K表示可燃气体检测用,Y表示烟雾检测用,N表示N型气敏电阻,P表示P型气敏电阻。第三部分表示序号。例如,型号为MQY-115的电阻,"MQ"表示气敏电阻;"Y"表示烟雾检测用;"115"表示序号。该型号表示的含义:序号为115的烟雾检测用气敏电阻。

通常气敏电阻的阻值很小,因此万用表置于最小挡。检测气敏电阻如图1-9所示,万用表的两支表笔分别接被测气敏电阻的两端,从显示屏读取阻值,阻值较小,一般为30～40 Ω。

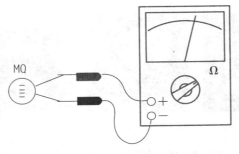

图1-9 检测气敏电阻

4．压敏电阻的识别与检测

压敏电阻的型号通常由三部分组成。第一部分表示压敏电阻,用MY表示。第二部分表示用途及含义,用字母表示,如无字母表示普通型,D表示通用型,B表示补偿用,C表示消磁用,E表示消噪用,G表示过压保护用,H表示灭弧用,K表示高可靠用,L表示防雷用,M表示防静电用,N表示高能用,P表示高频用,S表示元件保护用,T表示特殊用,W表示稳压用,Y表示环型,Z表示组合型。第三部分代表序号。例如,型号为MYM1-8的电阻,"MY"表示压敏电阻,"M"表示防静电用,"1-8"表示序号。该型号表示的含义:序号为1-8的防静电用压敏电阻。

通常压敏电阻的阻值很大,因此主要看其是否短路损坏。检测压敏电阻如图1-10所示,万用表的两支表笔分别接被测压敏电阻的两端,从显示屏读取阻值,阻值应较大;如果表针指示偏小或指示不稳定,则说明电阻已损坏。

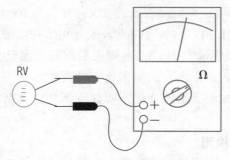

图 1-10　检测压敏电阻

1.1.3　电位器

电位器是可变电阻的一种。电位器的结构特点是电位器的电阻体有两个固定端，通过手动调节转轴或滑柄改变动触点在电阻体上的位置，就可以改变动触点与任一个固定端之间的电阻值，从而改变电压与电流的大小。电位器是一种可调的电子元件。

1. 常见电位器

常见电位器的外形如图 1-11 所示。

（a）

（b）

（c）　　　　　　　　　　　　　　　　　（d）

图 1-11　常见电位器的外形

（a）绕线电位器；（b）合成碳膜电位器；（c）有机实芯电位器；（d）碳膜电位器

2．电位器的符号

电位器的符号如图 1-12 所示。

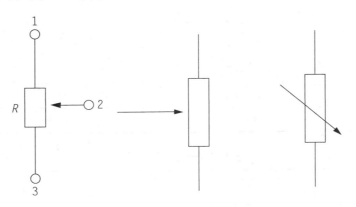

图 1-12　电位器的符号

3．常见电位器的分类

（1）碳膜电位器。碳膜电位器的电阻体是在绝缘基体上蒸涂一层碳膜制成的。它的特点是结构简单，绝缘性能好，噪声小且成本低。

（2）绕线电位器。绕线电位器是将康铜丝或镍铬合金丝作为电阻体，并把它绕在绝缘骨架上制成的。绕线电位器的特点是接触电阻小，精度高，温度系数小。其缺点是分辨率低，阻值偏低，高频特性差。其主要用于分压器、变阻器、仪器中调零和工作点等。

（3）合成碳膜电位器。合成碳膜电位器是用经过研磨的炭黑、石墨、石英等材料涂敷于基体表面而制成的，工艺简单，是目前应用最广泛的电位器。其优点是分辨率高，耐磨性好，寿命较长；缺点是电流噪声大，非线性大，耐潮性以及阻值稳定性差。

（4）有机实芯电位器。有机实芯电位器是用加热塑压的方法，将有机电阻粉压在绝缘体的凹槽内而形成的实芯电阻体。与碳膜电位器相比，有机实芯电位器具有耐热性好、功率大、可靠性高、耐磨性好的优点。但其温度系数大，动态噪声大，耐潮性差，制造工艺复杂，阻值精度较差。在小型化、高可靠性、高耐磨性的电子设备以及交流、直流电路中用来调节电压、电流。

4．电位器的命名

电位器的参数比较少，识别也较为方便。电位器的命名主要有四个部分：

第一部分，电位器的符号，用一个字母 W 表示。

第二部分，电位器的电阻体材料符号，用一个字母表示（表 1-4）。

第三部分，电位器的类型符号，用一个字母表示（表 1-5）。

第四部分，序号，用阿拉伯数字表示。

其他代号：规定失效率等级符号，用一个字母 K 表示。

例如，WXJ2 表示精密绕线电位器，WHX3 表示旋转式合成碳膜电位器。

表 1-4　材料符号

符号	材料	符号	材料
H	合成碳膜	J	金属膜
S	有机实芯	Y	氧化膜
N	无机实芯	D	导电塑料
I	玻璃釉膜	F	复合膜
X	绕线		

表 1-5　电位器类型符号

符号	类型	符号	类型
G	高压类	D	多圈旋转精密类
H	组合类	M	直滑式精密类
B	片式类	X	旋转低功率类
W	螺杆驱动预调类	Z	直滑式低功率类
Y	旋转预调类	P	旋转功率类
J	单圈旋转精密类	T	特殊类

（1）电位器的标称阻值。标称阻值是指两个定片引脚之间的阻值。电位器按标称系列分为绕线和非绕线电位器两种。常用的非绕线电位器标称系列是 1.0、1.5、2.2、3.2、4.7、6.8，再乘上倍乘数，单位为 Ω。

（2）电位器的允许偏差。非绕线电位器的允许偏差分为三个等级：一级允许偏差为 +5%；二级允许偏差为 ±10%；三级允许偏差为 ±20%。

绕线电位器的命名通常采用直标法，将电位器的型号、类型、标称阻值和额定功率以字母、数字直接标注在外壳上。例如，某电位器外壳上标示 WXJ2-45k-0.25/X，表示精密绕线电位器，其中"45k"表示标称阻值为 45 $k\Omega$，"0.25"表示额定功率为 0.25 W，"X"表示偏差是 ±0.002%。

5．电位器的检测

常用电位器的阻值测量方法有以下几种。

直接法：采用直读式仪表（如万用表）的欧姆挡测量电阻的方法。

比较法：采用比较仪表（如直流电桥）测量电阻的方法。

间接法：先测量与电阻有关的量，然后通过相关公式计算出被测电阻的方法。常见的是伏安法测量电阻。

以下是采用万用表测量电阻的过程。

（1）选择测量挡位及量程。将万用表的功能旋钮转到任一量程。通常情况下，100 Ω 以下电阻选择 R ×1 挡；1 ～ 10 $k\Omega$ 电阻选择 R×10 或 R×100 挡；10 ～ 100 $k\Omega$ 电阻选择 R×1 k 或 R×10 k 挡；100 kΩ 以上电阻选择 R×10 k 挡。

（2）调零。用一只手将两支表笔金属棒短接，另一只手调节万用表的"调零旋钮"，使其指针指示在刻度盘右端 0 位。

（3）测量。将万用表一支表笔与电位器动臂相接，另一支表笔与某一定臂相接，来回旋转电位器旋柄，万用表指针应随之平稳地来回移动。如果指针不动或移动不平稳，则该电位器动臂接触不良。将接定臂的表笔改接至另一定臂，重复以上检测步骤。并从欧姆刻度盘上读取指针指示的数据，将数据乘以量程所得的结果即该电位器的阻值。电位器的检测如图 1-13 所示。

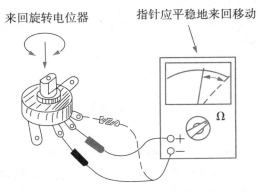

图 1-13　电位器的检测

（4）判断好坏。将所测结果与标称阻值进行比较。若所测结果与标称阻值约相等，说明该电位器正常；若相差太大，远远超过其精度允许范围，说明电位器已坏；若在各量程测量时，指针均不偏转，说明电位器已开路损坏。

6. 注意事项

新电位器在使用前，要进行引脚识别、标称阻值检测、动触点的平稳度及开关好坏的检测。

（1）电位器引脚的识别。电位器一般有 3 个或 4 个引脚。

①动触点的确定。动触点是 3 个引脚中的一个。将万用表的两支表笔分别接在电位器的 3 个引脚的任意两个上，测其阻值，若测得阻值与标称阻值相等，此时两支笔表所接引脚为固定引脚，剩余的一个为动触点。

②外壳接地引脚的确定。用万用表 R×1 挡测量各引脚与外壳之间的阻值，当阻值为 0 时，则万用表所接引脚就为外壳接地引脚。

③除了上述 3 个或 4 个引脚外，还装有另外两个引脚，即开关引脚，这两个引脚一般装在与转轴相对的位置上。

（2）带开关电位器的检测。对于带开关的电位器，除了应按以上方法检测电位器的标称阻值及接触情况外，还应检测其开关是否正常。先旋转电位器轴柄检查开关是否灵活，接通、断开时是否有清脆的"咔嗒"声。选择万用表 R×1 挡，将两支表笔分别接在电位器开关的两个外接焊片上，旋转电位器轴柄使开关接通，万用表上指示的阻值应由无穷大（∞）变为 0。再关断开关，万用表指针应从 0 返回"∞"处。测量时，应反复接通、断开电位器开关，观察开关每次动作的反应。若开关在"开"的位置阻值不为 0，在"关"的位置阻值不为无穷大，则说明该电位器的开关已损坏。

思考与习题

1. 电阻在电路中的功能是什么？
2. 如何对电子元器件进行检验和筛选？
3. 电阻常用的标示方法有哪几种？
4. 电阻如何命名？电阻的主要性能参数有哪些？
5. 电位器的阻值应如何测量？

1.2 电容器

电容器是电力产品中不可或缺的一种元器件，通常称为电容。改革开放以来，我国电容制造业经历了从无到有、从小到大的发展历程，并在技术领域取得了长足的进步，在很大程度上已经不需要依赖于国外的进口，并且逐步成为电容制造业大国。但是，与此同时，也存在一些不容忽视的问题，当前国内一些自动化生产线中有相当一部分电容的经济指标与国外同类型产品存在较大的差异，客观上需要正视并解决这些问题。例如，某电信机房经常发生电容烧毁、变压器高温发热、跳闸现象。1 000 μF，16 V 的电解电容，当两端电压超过其耐压值时，或者电解电容电压极性接反时，都会引起电容漏电流急剧上升，造成电容内部热量增加，电解液会产生大量的气体而发生爆炸。电容如图 1-14 所示。

图 1-14　电容

电容在电路中具有隔离直流、连接交流、防止低频的作用，广泛应用于耦合隔离直流、旁路、滤波、调谐、能量转换、自动控制等。

电容量单位有 F（法拉）、mF（毫法）、μF（微法）、nF（纳法）、pF（皮法）。$1 \text{ F} = 10^6 \text{ μF} = 10^{12} \text{ pF}$。

电容分为固定电容和可变电容。固定电容是指电容制成后，其电容量不能发生改变的电容。可变电容是指电容量可以调整的电容。

1. 电容的外形

常见电容的外形如图 1-15 所示。

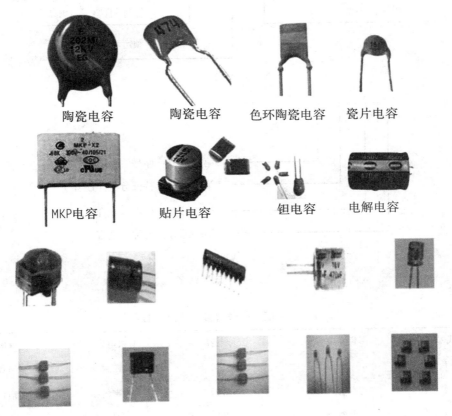

图 1-15　常见电容的外形

2. 电容的命名方法

国产电容的型号一般由四部分组成（不适用于压敏电容、可变电容、真空电容），依次分别代表名称、材料、分类和序号。

第一部分：名称，用字母表示，电容用字母 C 表示。

第二部分：材料，用字母表示。

第三部分：分类，一般用数字表示，个别用字母表示。

第四部分：序号，用数字表示。

根据国家标准《电子设备用固定电阻器、固定电容器型号命名方法》（GB/T 2470—1995）的规定，电容的产品型号一般由四部分组成。第一部分的字母 C 表示电容，第二部分表示介质材料，第三部分表示结构类型的特征，第四部分表示序号，如图 1-16、表 1-6、表 1-7 所示。

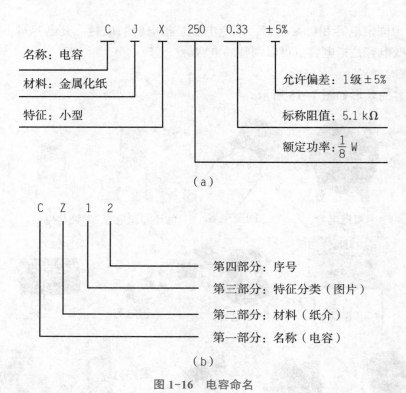

（a）

（b）

图 1-16　电容命名

表 1-6　特征（型号的第三部分）的意义

代号	瓷介电容	云母电容	有机电容	电解电容
1	圆形	非密封	非密封	箔式
2	管形	非密封	非密封	箔式
3	叠片	密封	密封	非固体
4	独石	密封	密封	固体
5	穿心	—	穿心	—
6	支柱等	—	—	—
7	—	—	—	无极性
8	高压	高压	高压	—
9	—	—	特殊	特殊
G	高功率型			
J	金属化型			
Y	高压型			
W	微调型			

表 1-7 电容的型号命名方法

第一部分：名称		第二部分：材料		第三部分：特征分类						第四部分：序号
符号	意义	符号	意义	符号	意义					
					瓷介	云母	玻璃	电解	其他	
C	电容	C	瓷介	1	图片	非密封	—	箔式	非密封	对主称、材料相同，仅尺寸、性能指标略有不同，但基本不影响互换使用的电容给予同一序号。若尺寸、性能指标的差别明显，影响互换使用，则在序号后面用大写字母作为区别代号
		Y	云母	2	管形	非密封	—	箔式	非密封	
		I	玻璃釉	3	选片	密封	—	烧结粉固体	密封	
		O	玻璃膜	4	独石	密封	—	烧结粉固体	密封	
		Z	纸介	5	穿心	—	—		穿心	
		J	金属化纸	6	支柱	—	—		—	
		B	聚苯乙烯	7	—	—	—	无极性	—	
		L	涤纶	8	高压	高压	—	—	高压	
		Q	漆膜	9	—	—	—	特殊	特殊	
		S	聚碳酸酯	G	高功率					
		H	复合介质	W	微调					
		D	铝							
		A	钽							
		N	铌							
		G	合金							
		T	钛							
		E	其他							

3. 电容的标注方法

（1）固定电容。

①直标法。

a. 用数字和单位符号直接标出。如 01 μF 表示 0.01 微法，有些电容用"R"表示小数点，如 R56 表示 0.56 微法。

b. 用数字和文字符号有规律的组合来表示容量。如 p10 表示 0.1 pF，1p0 表示 1 pF，6p8 表示 6.8 pF，2 μ2 表示 2.2 μF。

c. 不标单位的直接表示法。这种方法是用 1 ～ 4 位数字表示，电容量单位为皮法（pF）。例如：当数字部分大于 1 时，单位为 pF；当数字部分大于 0 小于 1 时，其单位为微法（μF）。如 3300 表示 3 300 pF，680 表示 680 pF，7 表示 7 pF，0.056 表示 0.056 μF。

②色标法。色标法用色环或色点表示电容的主要参数。电容的色标法与电阻的色标法相同。第一位和第二位数字是有效数字，第三位表示后面零的个数，单位为 pF。

（2）可变电容。可变电容是一种电容量可以在一定范围内调节的电容，通过改变极片之间相对的有效面积或片间距离，来改变电容量。通常在无线电接收电路中用作调谐电容。可变电容主要可分为微调电容、单联电容和多联电容。可变电容的外形如图 1-17 所示。

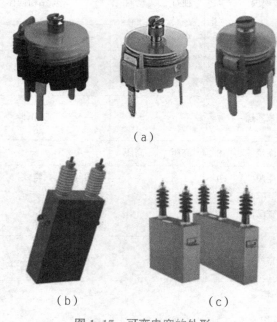

（a）

（b）　　　　　　（c）

图 1-17　可变电容的外形
（a）微调电容；（b）单联电容；（c）多联电容

4. 电容的检测

在没有专用电容表的条件下，电容的好坏及质量高低可以用万用表的电阻挡进行判断。

（1）容量在 0.1 μF 以下的无极性电容的检测。可以用万用表 R×10 k 挡测量无极性电容两端，若指针向右微微摆动，然后迅速摆至"∞"，说明无极性电容是好的。如果测量时万用表的指针一下向右摆到"0"，并不回摆，说明该无极性电容已击穿短路，不能用了。又如，若测量时万用表的指针向右微微摆动之后并不回摆到"∞"，说明该无极性电容有漏电现象。其阻值越小，漏电越大，表示该无极性电容的质量越差。再如，若测量时万用表的指针没有摆动，说明该无极性电容断路了，已经不能用了。检测无极性电容如图 1-18 所示。

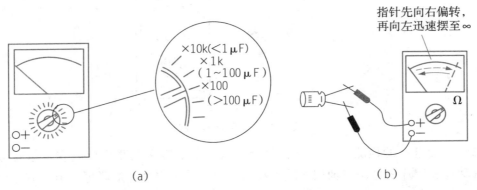

（a）　　　　　　　　　　　　　　　　　（b）

图 1-18　检测无极性电容

（2）电解电容的检测。电解电容的容量大，两引出线有极性之分，长脚为正极，短脚为负极，如图 1-20 所示。在电路中，电解电容的正极接电位较高的点，负极接电位较低的点，极性接错了，电解电容有击穿爆裂的危险。外壳上用"＋"号或"－"号分别表示正极或负极，靠近"＋"号的那一条引线是正极，另一条引线是负极。

检测时，先选择万用表的 R×1 k 挡，将红表笔接电解电容负极，黑表笔接电解电容正极，当即观察万用表指针的偏转状况。测量时，如果首先指针向右偏转，然后慢慢地向左回归，并稳定在某一数值上，且指针稳定后得到阻值在几百千欧以上，则被测电解电容就是好的。如果测量时，万用表的指针向右偏转后不回归，则说明该电解电容已短路，不能使用了。电解电容短路如图 1-19 所示。

如果测量时，万用表的指针向右偏转，然后指针慢慢回归，但指针稳定后得到阻值在几百千欧以下，则说明电解电容有漏电现象发生，一般也不能使用了。电解电容漏电如图 1-20 所示。

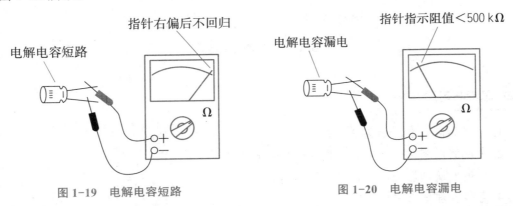

图 1-19　电解电容短路　　　　　　　　　图 1-20　电解电容漏电

测量电解电容的绝缘阻值，如果测量时万用表的指针没有向右偏转，则说明该电解电容已断路了。电解电容断路如图 1-21 所示。

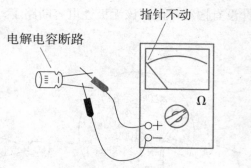

图 1-21　电解电容断路

（3）可变电容的检测。可变电容分为单联可变电容和双联可变电容。单联可变电容只有动片和定片之分，与轴相连的为动片，另一片为定片。双联可变电容有三个引出线，中间的是动片，另外两个是定片。检测前，首先分清动片和定片，然后来回转动转轴，感觉转动是否灵活，转不动或转动不灵活的就不能使用了。

可变电容可用万用表电阻挡进行检测，主要检测其是否有短路现象。检测时，选择万用表的 R×1 k 挡或 R×10 k 挡。将万用表两支表笔（不分正负）分别与被测可变电容的两端引线相接，然后来回旋转可变电容的旋柄，万用表指针均应不动。如旋转到某处时指针摆动，说明可变电容有短路现象，已不能使用。对于双联可变电容，应分别对每一联进行检测，指针应不动。检测可变电容如图 1-22 所示。

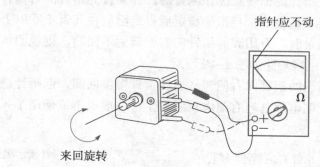

图 1-22　检测可变电容

思考与习题

1. 电容如何命名，如何分类？

2. 常用的电容有哪几种？它们有哪些特点？

3. 简述电解电容的结构、特点及用途。

4. 怎样合理地选用电容？

5. 如何用万用表检测电容的质量？

1.3　电感与变压器

1.3.1　电感

电感器通常称为电感，它对于信息技术十分关键，在日常生活各个方面应用比较广泛，能够测量不同的物理量（如力、速度、气体、液体、温度等）。例如，在机床行业，电感式传感器得到广泛的应用，常用于位移、尺寸、压力矩的测量，其在计数、应变、流量、比重、金属定位以及无损探伤上有很多应用。电感式传感器的结构简单，灵敏度高，输出信号强，工作寿命长。其核心部分是可变的自感或互感，在将被测信号转换成线圈自感或互感的变化时，一般要利用磁场作为媒介或利用铁磁体的某些现象。这类传感器的主要特征是具有电感绕组。通过对传感器的学习，可以了解传感器的基本知识及应用，了解它能够用来干什么，以及它的基本原理和构成。

电感是闭合回路中的一种重要属性，是一种常见的电学物理量。电感通常由绝缘导线在绝缘的骨架上绕一定的圈数制成。当直流电通过电感线圈后，在线圈中发生磁感效应产生了磁场，感应磁场又会产生感应电流来抵制线圈中的电流，从而形成电感。电感量是指电感线圈通过电流时产生自感能力的大小。电感量可以反映电感储存磁场能的本领，它的大小与电感线圈的匝数、几何尺寸、磁芯的磁导率有关。电感线圈的匝数越多，线圈越集中，电感量就越大；电感线圈内有铁芯的比无铁芯的电感量更大。电感量的单位为亨利，用字母 H 表示。常用的单位是毫亨（mH）、微亨（μH）。它们的换算关系为 $1\ \text{H}=10^3\ \text{mH}=10^6\ \text{μH}$。

1. 电感的外形和结构

常见电感的外形及结构如图 1-23 所示。

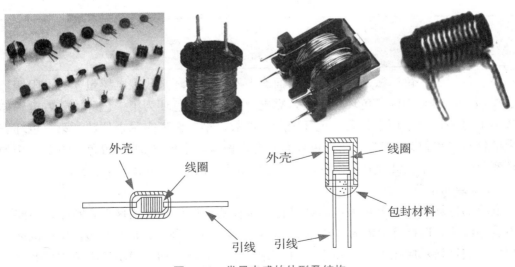

图 1-23　常见电感的外形及结构

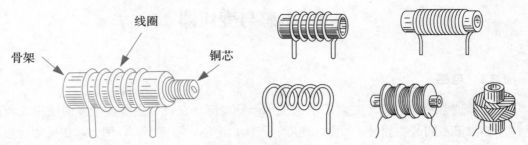

图 1-23　常见电感的外形及结构（续）

2．电感的型号命名方法

电感的型号由四部分组成：

第一部分：名称，用字母表示（L 为线圈，ZL 为阻流圈）。

第二部分：特征，用字母表示（G 为高频）。

第三部分：类型，用字母或数字表示（X 为小型）。

第四部分：区分代号，用字母 A，B，C 等来表示。

例如，LGX 表示小型高频电感线圈。

3．电感的标注方法

（1）直标法。

①用数字、单位符号和允许偏差直接标出，默认单位是 μH。例如，K01 μH 表示 0.01 μH±10%。表 1-8 所示为允许偏差对照。

②第一位数字和第二位数字是有效数字，第三位数字表示有效数字后面零的个数。例如，$391=39\times10^{1}$ μH。

③用数字和文字符号有规律的组合来表示容量。例如，5R5 表示 5.5 μH。

表 1-8　允许偏差对照

符号	J	K	L	M
偏差	±5%	±10%	±15%	±20%

（2）色标法。色标法是指在电感表面涂上不同的色环来代表电感量（与电阻四环色标法类似），通常用四条色环表示，紧靠电感体一端的色环为第一色环，露着电感体本色较多的另一端为末环。其第一色环表示十位数，第二色环表示个位数，第三色环表示应乘的倍数（单位为 μH），第四色环表示允许偏差，金色 ±5%，银色 ±10%。例如，色环颜色分别为棕、黑、金、金的电感的电感量为 1 μH，允许偏差为 ±5%。

4．电感的检测方法

电感的好坏可以用万用表电阻挡进行初步检测，即检测电感是否有断路、短路、绝缘不良等情况。选择万用表的 R×1 挡，将两支表笔（不分正、负）与被测电感的两个引脚相接，表针指示应接近 0，如图 1-24 所示。如果表针不动，说明该电感内部断路。如果表针指示一定阻值但不稳定，说明内部接触不良。

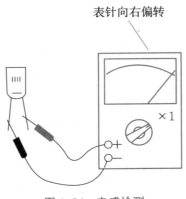

图 1-24　电感检测

对于电感量较大的电感，由于其线圈圈数相对较多，直流电阻相对较大，万用表指示应有一定的阻值，如图 1-25 所示。如果表针指示为 0，说明该电感内部短路。对于具有铁芯或金属屏蔽罩的电感，测量线圈引线与铁芯或金属屏蔽罩之间的电阻，均应为无穷大（表针不动），否则说明该电感绝缘不良。

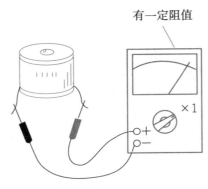

图 1-25　较大电感检测

5．电感量的检测方法

（1）串联一个电阻，通上交流电，测量电感上的电压和通过的电流，根据欧姆定律计算电感的感抗，然后按照下式推算出电感值，$X_L = \omega L = 2\pi f L$，其中 X_L 表示感抗，单位为欧姆；ω 表示交流发电机运转的角速度，单位为 rad/s；f 表示频率，单位为 Hz；L 是线圈电感，单位为 H。

（2）使用电感测试仪进行空载测量（理论值）和在实际电路中的测量（实际值）。由于电感使用的实际电路较多，难以类举，所以只对空载情况下的测量进行说明。电感量的测量步骤：

①熟悉仪器的操作规则（使用说明）及注意事项。

②开启电源，预热 15 ～ 30 min。

③选中 L 挡，选中测量电感量。

④将两个夹子互夹并复位清零。

⑤将两个夹子分别夹住电感的两端，读取数值并记录电感量。

⑥重复步骤④和步骤⑤，记录测量值，要有 5 ~ 8 个数据。

⑦比较几个测量值：若相差不大（0.2 μH），则取其平均值记为电感的理论值；若相差过大（0.3 μH），则重复步骤②至步骤⑥，直到取得电感的理论值。

6. 电感线圈的测量使用常识

电感线圈电感的精确测量要借助专用电子仪表。在不具备专用仪表时，可以用万用表测量电感线圈的电阻来大致判断其好坏。一般地，电感线圈的直流电阻很小，低频扼流圈的直流电阻最多只有几百至几千欧。如果测得线圈电阻为无穷大，则表明线圈内部或引出端已断线。

在使用线圈时，不要随便改变线圈的形状、大小和距离，否则会影响线圈原来的电感量，尤其是频率高，即圈数少的线圈。高频线圈一般用高频蜡或其他介质材料进行密封固定。应将可调线圈安装在机器易调节的地方，以便调整线圈的电感量，使之达到最理想的工作状态。

1.3.2 变压器

1. 工作原理

变压器是一种静止的交流电气设备，它利用电磁感应原理，将一种等级的交流电压和电流转变成同频率的另一种等级的交流电压和电流。变压器由初级线圈、次级线圈和铁芯组成。根据变压器所使用的交流电频率范围而将变压器分为低频变压器、中频变压器、高频变压器。低频变压器用来传播信号电压和信号功率，还可实现电路之间的阻抗匹配，对直流电具有隔离作用。低频变压器一般用高导磁率的硅钢片作为铁芯。高频变压器与低频变压器原理上没区别，但由于频率不同，高频变压器选用高频铁氧体磁芯。

2. 变压器的外形和符号

常见变压器的外形如图 1-26 所示。

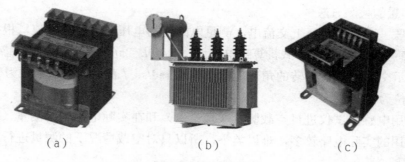

（a）　　　　　　　　　（b）　　　　　　　　　（c）

图 1-26　常见变压器的外形

（a）单向变压器；（b）控制变压器；（c）三向变压器

常见变压器的符号如图 1-27 所示。

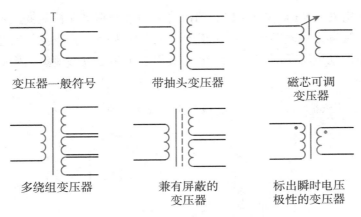

变压器一般符号　　　带抽头变压器　　　磁芯可调
变压器

多绕组变压器　　　兼有屏蔽的　　　标出瞬时电压
变压器　　　　极性的变压器

图 1-27　常见变压器的符号

3．变压器的检测

（1）选择万用表的欧姆挡，将红表笔分别搭在待测变压器的一次侧绕组两引脚上或二次侧绕组两引脚上，观察万用表显示屏，在正常情况下应有一固定值。若实测阻值为∞，则说明绕组存在断路现象。若阻值为 0，说明该绕组内部短路。检测变压器绕组如图 1-28 所示。

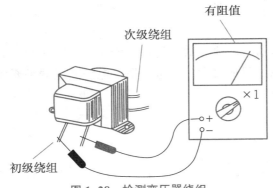

图 1-28　检测变压器绕组

（2）选择万用表的 R×1k 挡，将红表笔分别搭在待测变压器的一次侧、二次侧绕组任意两引脚上，观察万用表显示屏，在正常情况下应为∞。若绕组之间有一定的阻值或阻值很小，则说明所测变压器绕组之间存在短路现象。检测变压器绕组间绝缘电阻如图 1-29 所示。

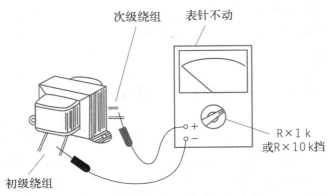

图 1-29　检测变压器绕组间绝缘电阻

（3）选择万用表 R×1 k 或 R×10 k 挡，将两表笔分别搭在待测变压器的一次侧绕组引脚和铁芯上，观察万用表显示屏，在正常情况下应为∞。若绕组与铁芯之间有一定的阻值或阻值很小，则说明所测变压器绕组与铁芯之间存在短路现象。检测变压器绝缘性能如图 1-30 所示。

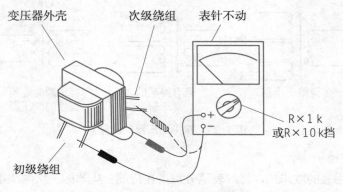

图 1-30　检测变压器绝缘性能

4．变压器的使用常识

（1）选择万用表的 R×10 挡，分别测量初级线圈和次级线圈的阻值，阻值应在几欧至几百欧之间。

（2）使用电源变压器时，要分清它的初级线圈和次级线圈。对于降压变压器，初级线圈的阻值比次级线圈的阻值要大。在电路里，电源变压器是要放热的，必须考虑安放位置要有利于散热。

■■■ **思考与习题**

1．常用的电感有哪些？使用时应该注意什么？

2．简述电感的应用范围、类型、结构。

3．总结常用电感的结构、特点、用途。

4．变压器的作用是什么？说明变压器是如何分类的？说明变压器的种类、特点、用途。

5．变压器的主要性能参数有哪些？

6．变压器是如何实现变压、变流和变阻抗的？

1.4　二极管

半导体二极管是一种使用半导体材料制作而成的单向导电性二端器件，其产品结构比较简单，一般为单个 PN 结结构，只允许单一方向的电流流过。自半导体二极管 20 世纪 50 年代面世至今，陆续发展出整流二极管、开关二极管、稳压二极管、肖特基二极管、

TVS 二极管等系列的二极管，广泛应用于整流、稳压、检波、保护等电路中。日常生活中，二极管主要应用在集成电路、消费电子通信系统、光伏发电、照明应用、大功率电源转换等领域，在科技和经济发展中都有着非常重要的作用。

1.4.1　晶体二极管及其检测

1．工作原理

二极管是一种电子器件，具有两个不对称电导的电极（故名"二极"），只允许电流由单一方向流过。二极管的作用有整流电路、检波电路、稳压电路、各种调制电路。

2．二极管的外形和符号

常见二极管的外形如图 1–31 所示。

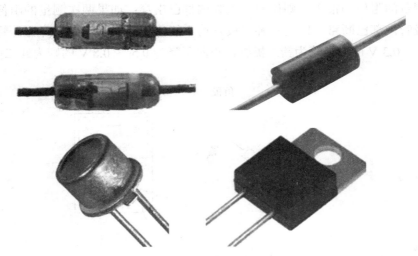

图 1–31　常见二极管的外形

常见二极管的符号如图 1–32 所示。

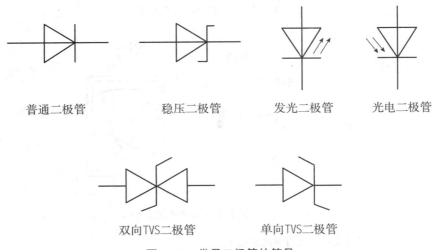

普通二极管　　　稳压二极管　　　发光二极管　　　光电二极管

双向TVS二极管　　　单向TVS二极管

图 1–32　常见二极管的符号

3．二极管的检测

（1）小功率二极管的检测。

①观察外壳上的符号标记或色点。通常在二极管的外壳上标有二极管的符号，带有三角形箭头的一端为正极，另一端是负极。有色点的一端为正极。还有的二极管上标有色环，带色环的一端则为负极。

②检测二极管的正向电阻和反向电阻如图 1-33 和图 1-34 所示。选择万用表 R×1 k挡，将万用表的红、黑表笔分别接二极管两端，若测得的阻值小（几千欧以下），再将红、黑表笔对调后接二极管两端，而测得的阻值大（几百千欧以上），两次测量的阻值差别越大，说明二极管的性能越好。所测阻值小的那一次黑表笔接的是二极管的正极，红表笔接的是二极管的负极。如果两次测量的阻值差别不大，则说明二极管的性能不好；如果两次测量的阻值均很小，则说明二极管内部已击穿；如果两次测量的阻值均很大，则说明二极管内部已断路。以上三种二极管均不能使用。锗管正向压降比硅管小，正向压降为 0.1 ～ 0.3 V 的二极管为锗二极管，正向压降为 0.5 ～ 0.8 V 的则为硅二极管。

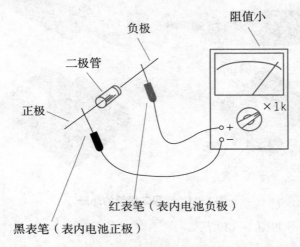

图 1-33　检测二极管的正向电阻

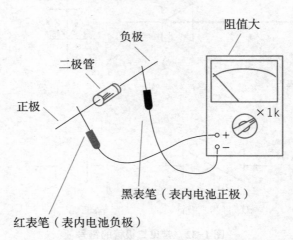

图 1-34　检测二极管的反向电阻

③检测最高工作频率 f。晶体二极管的工作频率除了可从有关特性表中查阅以外，实践中常常用眼睛观察二极管内部的触丝来进行区分，例如，点接触型二极管属于高频管，面接触型二极管多为低频管。另外，也可以用万用表 R×1 k 挡进行测试，同样，正向电阻小于 1 kΩ 的多为高频管。

④检测最高反向击穿电压 V_{RM}。对于交流电，因为不断变化，因此最高反向工作电压也就是二极管承担的交流峰值电压。需要指出的是，最高反向工作电压并不是二极管的击穿电压。同样情形下，二极管的击穿电压要比最高反向工作电压高得多（约高 1 倍）。

（2）区分锗管与硅管。由于锗二极管和硅二极管的正向管压降不同，因此可以用测量二极管正向电阻值的方法来区分。用 R×1 k 挡测量，如果正向电阻值为 1 ～ 5 kΩ，则为硅二极管；如果正向电阻值小于 1 kΩ，则为锗二极管，如图 1-35 和图 1-36 所示。

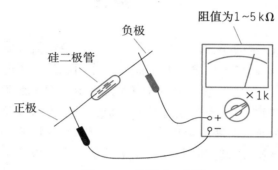

图 1-35　检测硅二极管

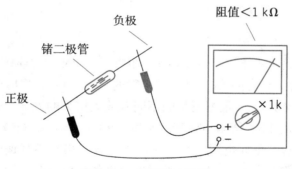

图 1-36　检测锗二极管

1.4.2　稳压二极管的检测

稳压二极管检测引脚的常规识别方法：带色点的一端为正极，另一端为负极；带色环的一端为负极，另一端为正极。稳压二极管性能好坏判别方法与普通二极管的检测方法相同，如图 1-37 所示。

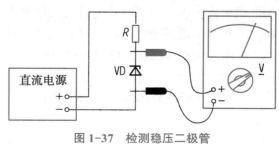

图 1-37　检测稳压二极管

1. 二极管的性能参数有哪些？

2. 在使用时如何正确选用二极管？

3. 为什么检波二极管多采用点接触型，而整流二极管多采用面接触型？

4. 两个稳压管，一个稳压值为 8 V，另一个稳压值为 7 V，两个稳压管串联，总的稳压值是多少？若把这两个稳压管并联，稳压值为多少？

1.5　三极管

三极管是一种电流控制的半导体器件，其作用是把微弱信号放大成幅值较大的电信号，也用作无触点开关。晶体三极管具有电流放大作用，是电子电路的核心器件。我国三极管市场近些年来发展态势平稳，市场规模保持稳定。为了在竞争中保持领先地位，企业必须有持续创新的能力，并不断通过技术升级、设备更新以及规模化经营来降低成本。在未来，三极管的主要发展趋势应是提高技术性能，实现低电压供电，实现低噪声，体现高效。三极管的封装趋势将是体积越来越小。在三极管小型化过程中，表面封装是最好的表现形式，将成为市场主流。

1.5.1　三极管及其检测

1．工作原理

三极管是含有两个 PN 结的半导体器件。根据两个 PN 结的连接方式不同，可以分为 NPN 型和 PNP 型两种。正常的 NPN 结构三极管的基极（B）、集电极（C）、发射极（E）的正向电阻是 430～680 Ω（根据型号的不同及放大倍数的差异，这个值有所不同），反向电阻是 ∞。正常的 PNP 结构三极管的基极（B）、集电极（C）、发射极（E）的反向电阻是 430～680 Ω，正向电阻是 ∞。集电极对发射极在不加偏流的情形下，电阻为 ∞。基极对集电极的测试电阻约等于基极对发射极的测试电阻，通常情形下，基极对集电极的测试电阻 R_{BC} 要比基极对发射极的测试电阻 R_{BE} 小 5～100 Ω（大功率管比较明显），如果超出这个值，说明这个器件的性能降低，请不要再使用。如果误使用于电路中，可能会导致整个或部分电路的工作点变坏，这个器件也可能不久就会损坏。大功率电路和高频电路对这种劣质器件反应比较明显。

2．晶体三极管的外形和符号

常见三极管的外形如图 1-38 所示。

图 1-38　常见三极管的外形

常见三极管的符号如图 1-39 所示。

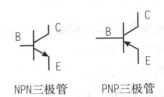

NPN三极管　　　　PNP三极管

P沟道结型场效应管　　N沟道结型场效应管　　　　光敏三极管

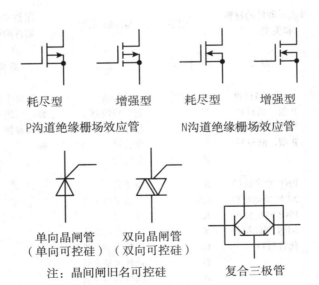

耗尽型　　增强型　　　耗尽型　　增强型

P沟道绝缘栅场效应管　　　N沟道绝缘栅场效应管

单向晶闸管　　双向晶闸管
（单向可控硅）（双向可控硅）

注：晶闸闸旧名可控硅　　　复合三极管

图 1-39　常见三极管的符号

3．晶体三极管的识别

常用三极管的封装形式有金属封装和塑料封装两大类。引脚的排列方式具有一定的规律，底视图位置放置，使三个引脚构成等腰三角形的顶点，从左向右依次为 E、B、C；对于中小功率塑料三极管，按图 1-40 使其平面朝向自己，三个引脚朝下放置，从左到右依次为 E、B、C，如图 1-40 所示。

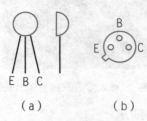

图 1-40　三极管引脚排列

国产半导体器件的命名方法通常根据国家标准《半导体分立器件型号命名方法》（GB/T 249—2017）的规定，由五部分组成（表 1-9）。

第一部分：用数字表示器件的电极数目。

第二部分：用字母表示器件的材料和类型。

第三部分：用字母表示器件的用途。

第四部分：用数字表示器件的序号。

第五部分：用字母表示规格。

表 1-9　半导体器件的命名

第一部分		第二部分		第三部分		第四部分	第五部分
用数字表示器件的电极数目		用字母表示器件的材料和类型		用字母表示器件的用途		用数字表示器件的序号	用字母表示规格
符号	意义	符号	意义	符号	意义	意义	意义
2	二极管	A B C D	N 型，锗材料 P 型，锗材料 N 型，硅材料 P 型，硅材料	P V W C Z	小信号管 混频检波器 稳压管 变容器 整流管	反映了极限参数、直流参数和交流参数等的差别	承受反向击穿电压的程度。如规格号为 A、B、C、D、… 其中 A 承受的反击穿电压最低，B 次之……
3	三极管	A B C D E	PNP 型锗材料 NPN 型锗材料 PNP 型硅材料 NPN 型硅材料 化合材料	S GS K X G D A T	隧道管 光电子显示器 开关管 低频小功率管 高频小功率管 低频大功率管 高频大功率管 半导体闸流管		

第一部分		第二部分		第三部分		第四部分	第五部分
用数字表示器件的电极数目		用字母表示器件的材料和类型		用字母表示器件的用途		用数字表示器件的序号	用字母表示规格
符号	意义	符号	意义	符号	意义	意义	意义
				Y B J CS BT FH PIN GJ	体效应器件 雪崩管 阶跃恢复管 场效应器件 半导体特殊器件 复合管 PIN 管 激光管	反映了极限参数、直流参数和交流参数等的差别	承受反向击穿电压的程度。如规格号为 A、B、C、D，… 其中 A 承受的反击穿电压最低，B 次之……

4．晶体三极管的检测

在常用的万用表中，测试三极管的脚位排列如图 1-41 所示。

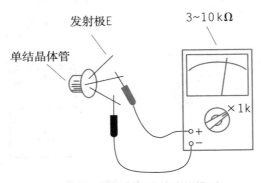

图 1-41　测试三极管的脚位排列

（1）三颠倒，找基极。检测时，选择万用表的 R×1 k 挡。先用万用表的黑表笔接某一引脚，红表笔依次接到其余两个引脚上，测得两个电阻值，再将黑表笔换接另一个引脚，重复以上步骤，直至测得两个电阻值都很小；这时黑表笔所接的是基极，改用红表笔接基极，黑表笔接另外两个引脚，测得两个电阻值都很大，说明三极管是好的，如图 1-42 所示。

（2）确定管型。当基极确定后，将黑表笔接基极，红表笔接其他两极，若测得电阻值都很小，则该三极管为 NPN 型，反之为 PNP 型，如图 1-43 所示。

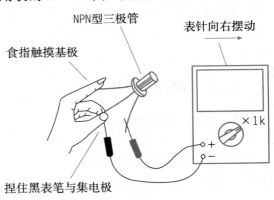

图 1-42　估测电阻

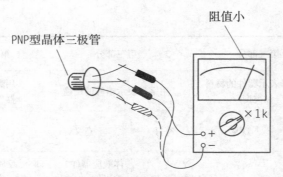

图 1-43　检测 PNP 型晶体管

（3）确定 C，E 极。把黑表笔接至假设的集电极 C，红表笔接到假设的发射极 E，并用手捏住 B 极和 C 极，读出表头所示 R_{CE}，然后将红黑表笔反接重测。若第一次电阻比第二次小，说明原假设成立。

注意：数字表与指针表正好相反，红表笔接基极时显示数字说明该三极管是 NPN 型。

（4）判断硅管与锗管。用 R×1 k 挡测量发射结（EB）和集电结（CB）的正向电阻，硅管电阻在 5～10 kΩ，锗管电阻在 500～1 000 Ω；两结的反向电阻，硅管电阻一般大于 500 kΩ，锗管电阻在 100 kΩ 左右，如图 1-44 所示。

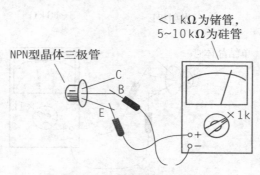

图 1-44　判断锗管与硅管

（5）判断高频管与低频管。用万用表 R×1 k 挡测量基极与发射极之间的反向电阻，如表针指示在几百千欧以上，然后将量程换到 R×10 k 挡，若表针能偏转至满度的一半左右，表明该三极管为硅管，即高频管；若阻值变化很小，表明该三极管为合金管，即低频管。

1.5.2　场效应管及其检测

1．场效应管的分类

场效应管按沟道可分为 N 沟道管和 P 沟道管，按材料分可为结型管和绝缘栅型管。绝缘栅型管又分为耗尽型和增强型。一般主板上大多是绝缘栅型管（简称 MOS 管），并且大多采用增强型的 N 沟道，其次是增强型的 P 沟道，结型管和耗尽型管几乎不用。常见场效应管的外形如图 1-45 所示。

图 1-45　常见场效应管的外形

2．场效应管的结构和符号

常见场效应管的结构和符号如图 1-46 和图 1-47 所示。

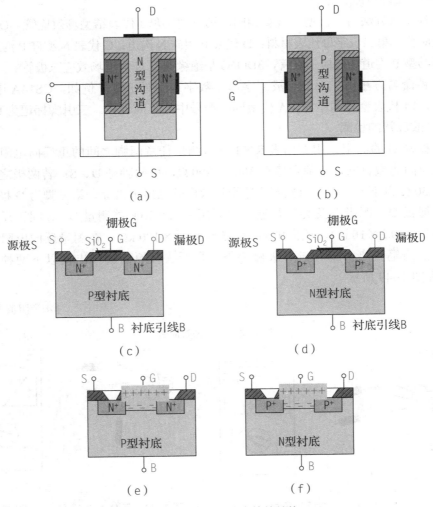

图 1-46　常见场效应管的结构

（a）结型 N 沟道；（b）结型 P 沟道；（c）N 沟道增强型 MOS 管；
（d）P 沟道增强型 MOS 管；（e）N 沟道耗尽型 MOS 管；（f）P 沟道耗尽型 MOS 管

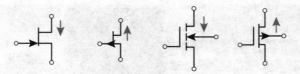

图 1-47　常见场效应管的符号

3．绝缘栅型场效应管的工作原理

利用 U_{GS} 控制"感应电荷"的多少来改变导电沟道的宽窄，从而控制漏极电流 I_D。当 $U_{GS}=0$ 时，源极、漏极之间不存在导电沟道的为增强型 MOS 管；当 $U_{GS}=0$ 时，漏极、源极之间存在导电沟道的为耗尽型 MOS 管。

4．场效应管的标注方法

第一种命名方法与双极型三极管相同。第三位字母 J 代表结型场效应管，O 代表绝缘栅型场效应管。第二位字母代表材料：D 代表 P 型硅 N 沟道；C 代表 N 型硅 P 沟道。例如，3DJ6D 是结型 P 沟道场效应三极管，3DO6C 是绝缘栅型 N 沟道场效应三极管。

第二种命名方法由三部分组成，字母＋数字＋字母组成，例如，CS14A 中 CS 代表场效应管，14 代表型号的序号，A 代表同一型号中的不同规格。三引脚标记为 G、D、S。

5．场效应管的检测

（1）栅极 G 的测定。用万用表 R×100 挡测量任意两脚之间的正反向电阻，若其中某次测得电阻为数百欧，一般数值在 $300\sim800\ \Omega$，该两脚是 D、S；若两极之间的读数很小（在 $50\ \Omega$ 以下），则可以判断为这个场效应管已经被击穿，第三脚为 G 极。

（2）漏极 D、源极 S 及类型判定。用万用表 R×10 k 挡测量 D、S 间正反向电阻，正向电阻约为 $0.2\times10\ \text{k}\Omega$，反向电阻为 $(5\sim\infty)\times100\ \text{k}\Omega$。在测量反向电阻时，红表笔不动，黑表笔脱离引脚后与 G 极碰一下，再回去接原引脚，出现以下两种情况，如图 1-48 和图 1-49 所示。

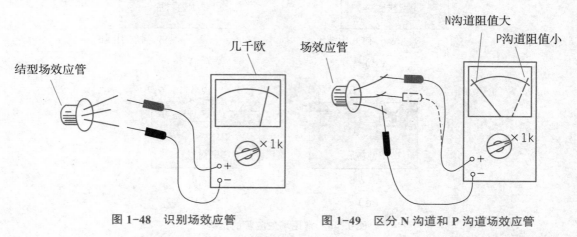

图 1-48　识别场效应管　　　　图 1-49　区分 N 沟道和 P 沟道场效应管

①若读数由原来较大值变为 0（$0\times10\ \text{k}\Omega$），则红表笔接的是 S 极，黑表笔接的是 D 极，用黑表笔接触 G 极有效，使 MOS 管 D、S 间正反向电阻值均为 0，则该管为 N 沟道。

②若读数仍为较大值，黑表笔不动，改用红表笔接触 G 极，碰一下之后立即回到原引脚，此时若读数为 0，则黑表笔接的是 S 极，红表笔接的是 D 极，用红表笔接触 G 极有效，则该 MOS 管为 P 沟道。

1.5.3 晶闸管及其检测

1. 晶闸管的工作原理

晶闸管在工作过程中，它的阳极（A）和阴极（K）与电源和负载连接，组成晶闸管的主电路；晶闸管的门极（G）和阴极（K）与控制晶闸管的装置连接，组成晶闸管的控制电路。常见晶闸管的结构如图 1-50 所示。

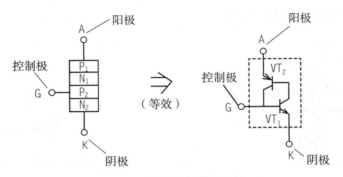

图 1-50 常见晶闸管的结构

在阳极 A 之间加上正电后，晶闸管并不导通。只有在控制极 G 加上触发电压时，VT_1、VT_2 相继迅速导通，互相提供基极电流维持晶闸管导通。此时，即使去掉控制极上的触发电压，晶闸管仍维持导通状态，直至所通过的电流小于晶闸管的维持电流，晶闸管才关断。

双向晶闸管可以等效为两个单向晶闸管反向并联。双向晶闸管可以控制双向导通，因此除了控制极 G 外的另两个电极不再分阳极、阴极，而称之为主电极 T_1、T_2。双向晶闸管的结构如图 1-51 所示。

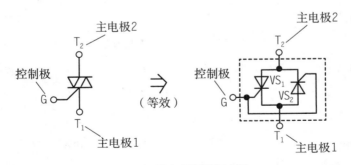

图 1-51 双向晶闸管的结构

当有触发电压加至控制极 G 时，双向晶闸管导通，在触发电压消失后仍维持导通状态，电流既可从 T_1 经过 VS_2 流向 T_2，又可从 T_2 经过 VS_1 流向 T_1。当电流小于晶闸管的维持电流时，晶闸管关断。

2．晶闸管的外形和符号

双向晶闸管的外形如图 1-52 所示。

图 1-52　双向晶闸管的外形

双向晶闸管的符号如图 1-53 所示。

晶闸管　　　　可关断晶闸管（GTO）

图 1-53　双向晶闸管的符号

3．晶闸管的标注方法

国产晶闸管的标注由四部分组成（表 1-10）。

第一部分：用字母 K 表示晶闸管的名称。

第二部分：用字母表示晶闸管的类别。

第三部分：用数字表示晶闸管的额定通态电流值。

第四部分：用数字表示重复峰值电压级数。

表 1-10　国产晶闸管的标注

第一部分：名称		第二部分：类别		第三部分：额定通态电流值		第四部分：重复峰值电压级数	
字母	含义	字母	含义	数字	含义	数字	含义
K	晶闸管（可控硅）	P	普通反向阻断型	1	1 A	1	100 V
				5	5 A	2	200 V
				10	10 A	3	300 V
				20	20 A	4	400 V
		K	快速反向阻断型	30	30 A	5	500 V
				50	50 A	6	600 V

第一部分：名称		第二部分：类别		第三部分： 额定通态电流值		第四部分： 重复峰值电压级数	
字母	含义	字母	含义	数字	含义	数字	含义
K	晶闸管 （可控硅）	K	快速反向 阻断型	100	100 A	7	700 V
				200	200 A	8	800 V
		S	双向型	300	300 A	9	900 V
				400	400 A	10	100 V
				500	500 A	12	1 200 V
						14	1 400 V

4．晶闸管的检测

单向晶闸管阳极、阴极和控制极 3 个引脚一般没有特殊的标注，识别各个引脚主要是通过检测各个引脚之间的正负电阻值来进行的。晶闸管各个引脚之间的阻值都较大，当检测出现唯一一个小阻值时，此时黑表笔接的是控制极（G），红表笔接的是阴极（K），另一个引脚就是阳极（A）。

正常的单向晶闸管，阳极（A）、阴极（K）和控制极（G）明确标示，选择万用表的 R×10 挡，将黑表笔接阳极 A，红表笔接阴极 K，表针应指向∞（若阻值小，则晶闸管击穿）；将控制极 G 也与黑表笔接触（获取正向触发电压），此时晶闸管应导通，表针约摆动在 60～2 000 Ω（若表针不摆动，表明晶闸管断极）；将控制极 G 与黑表笔脱开，指针不返回∞，说明晶闸管良好（有些晶闸管因维持电流较大，万用表的电流不足以维持它的正反馈，当控制极 G 与黑表笔脱开后，表针会回到∞，这也是正常的）。检测单向晶闸管和双向晶闸管如图 1-54 和图 1-55 所示。

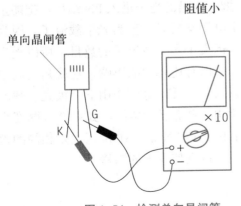

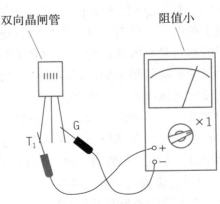

图 1-54　检测单向晶闸管　　　　图 1-55　检测双向晶闸管

1. 半导体分立器件如何分类？
2. 半导体分立器件的型号如何命名？
3. 半导体分立器件的封装形式有哪些？
4. 如何选用半导体分立器件？
5. 国产半导体分立元器件如何命名？
6. 如何使用万用表判别三极管的三个电极？
7. 单向晶闸管在什么条件下导通与关断？

1.6　光电器件

随着电子技术的高速发展，集成电路的集成度也越来越高，在此形势下，光电器件应运而生。目前，我国光电产业市场规模可观，发展潜力巨大，国内光电子有关产业基地的光电子器件、部件和子系统等产品已经占领了国内较大的市场份额，初步具备了同国外大公司竞争的能力，部分研究发展基地和高技术公司的许多产品填补了国内相关产品的空白，打破了国外产品在市场上的垄断地位。

1.6.1　光电二极管

1．工作原理

光电二极管的工作原理：当光照在光电二极管上时，被吸收的光能转换成电能。光电二极管是在反向电压作用下工作的。没有光照时，只通过微弱的电流（一般小于 0.1 μA），这种电流称为暗电流；有光照时，携带能量的光子进入 PN 结后，把能量传给共价键上的电子，使有些电子挣脱共价键产生电子空穴对，称为光生载流子。因为光生载流子的数目是有限的，而光照前多子的数目远大于光生载流子的数目，所以光生载流子对多子的影响是很小的，但少子的数目少，所以有比较大的影响，这就是光电二极管工作在反向电压而不是工作在正向电压下的原因。在反向电压作用下，被光生载流子影响而增加的少子参加漂移运动。在 P 区，光生电子扩散到 PN 结，如果 P 区厚度小于电子扩散长度，那么大部分光生电子将能穿过 P 区到达 PN 结，在 N 区也是相同的道理，也因此在制作光电二极管时，PN 结的结深很浅，以促使少子的漂移。

2．光电二极管的外形和符号

光电二极管的外形和符号如图 1-56 所示。

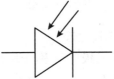

图 1-56　光电二极管的外形和符号

3．光电二极管的识别

光电二极管的正负极可以根据光电二极管的引脚排列来识别，靠近管键或标有色点的引脚为正极（即 P 极），另一个引脚则是负极（即 N 极）。

对于长方形的光电二极管，往往做出标记角，用于指示受光面的方向，一般情况下引脚长的为正极。

如果光电二极管的标志已模糊，可用万用表进行测试识别。将万用表置于 R×1 k 挡，用一黑纸片遮住光电二极管的透明窗口，将万用表红黑表笔分别任意接光电二极管的两个引脚，如果测量时万用表指针向右偏转较大（10～20 kΩ），则黑表笔所接的引脚为正极；如果测量时万用表指针不动，则黑表笔所接的引脚为负极。

4．光电二极管的检测

（1）电阻测量法。用万用表 R×1 kΩ 挡，像测量普通二极管一样，正向电阻应为 10 kΩ 左右，无光照射时（可用手捏住二极管管壳），反向电阻应为 ∞，然后让光电二极管见光，光线越强反向电阻应越小。光线特强时，反向电阻可降到 1 kΩ 以下，这样的光电二极管就是好的。若正反向电阻都是 ∞ 或 0，则说明光电二极管是坏的。检测光电二极管如图 1-57 所示。

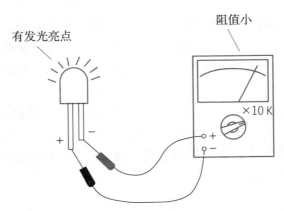

图 1-57　检测光电二极管

（2）电压测量法。把指针式万用表接在直流 2.5 V 以下的挡。红表笔接光电二极管正极，黑表笔接光电二极管负极，在阳光或白炽灯照射下，其电压与光照强度成正比，一般可达 0.20～0.45 V。

（3）电流测量法。把指针式万用表拨至直流 50 μA 或 500 μA 挡，红表笔接光电二极管正极，黑表笔接光电二极管负极，在阳光或白炽灯照射下，其短路电流可由几微安增大到数百微安。

1.6.2 光电三极管

1. 工作原理

光电三极管又称光敏三极管，其基本结构和普通三极管一样，有两个 PN 结。以 NPN 型为例，BC 结为受光结，吸收入射光，基区面积较大，发射区面积较小。当光入射到基极表面，产生光生电子空穴对，会在 BC 结电场作用下，电子向集电极漂移，而空穴移向基极，致使基极电位升高。在 C，E 间外加电压作用下（C 为 +、E 为 −），大量电子由发射极注入，除了少数在基极与空穴复合外，大量通过极薄的基极被集电极收集，成为输出光电流。光电三极管是一种相当于在基极和集电极之间接入一只光电二极管的三极管，光电二极管的电流相当于三极管的基极电流。因为具有电流放大作用，光电三极管比光电二极管灵敏得多，在集电极可以输出很大的光电流。

2. 光电三极管的外形和符号

光电三极管的外形和符号如图 1-58 所示。

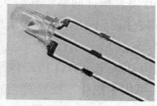

光敏三极管

图 1-58　光电三极管的外形和符号

3. 光电三极管的检测

检测光电三极管时（以 NPN 型为例），万用表置于 R×1 k 挡，步骤如下所述。

（1）电阻测量法（指针式万用表 1 kΩ 挡）。将黑表笔接 C 极，红表笔接 E 极，无光照时指针微动（接近∞），随着光照的增强，阻值变小，光线较强时其阻值可降到几千欧甚至 1 kΩ 以下。再将黑表笔接 E 极，红表笔接 C 极，有无光照指针均为∞（或微动），说明光电三极管是好的。

（2）测电流法。工作电压为 5 V，电流表串联在电路中，C 极接正极，E 极接负极。无光照时，电流小于 0.3 µA；光照增强时，电流增大，可达 2～5 mA。若用数字式万用表 20 kΩ 挡测试，红表笔接 C 极，黑表笔接 E 极，完全黑暗时显示 1，光线增强时，阻值随之降低，最小可达 1 kΩ。

1.6.3 发光二极管

1. 工作原理

发光二极管是半导体二极管的一种，可以把电能转化成光能。发光二极管与普通二极管一样，是由一个 PN 结组成的，具有单向导电性。当给发光二极管加上正向电压后，从 P 区注入 N 区的空穴和由 N 区注入 P 区的电子在 PN 结附近数微米内分别与 N 区的电子和 P 区的空穴复合，产生自发辐射的荧光。发光二极管一般用砷化镓、磷化镓等半导体材料制成，在通过正向电流时会发光，砷化镓二极管发红光，磷化镓二极管发绿光，碳化硅二极管发黄光，氮化镓二极管发蓝光。发光二极管主要应用于数码显示、电气设备的指示等，红外发光二极管主要用于光电传感技术等。

2．发光二极管的外形和符号

发光二极管的外形和符号如图 1-59 所示。

图 1-59　发光二极管的外形和符号

3．发光二极管的识别

方法一：看发光二极管上面的标识，一些尺寸比较大的发光二极管会做一些标识，如切角或者引脚的大小不同，一般也都会带有标志，引角比较小的或者比较短的就是负极，另外一边就是正极。对于尺寸比较小的发光二极管，在管底部会标有 T 字形或者倒三角形，T 字一横的一边是正极，三角形符号靠近边的是正极。

方法二：发光二极管引脚识别方法是将发光二极管置于灯光照射处，引脚在管体内较长的一端是负极，较短的一端是正极。

4．发光二极管的检测

在万用表外部附接一节 1.5 V 干电池，将万用表置于 R×10 挡或 R×100 挡。这种接法就相当于给万用表串联了 1.5 V 电压，使检测电压增加至 3 V（发光二极管的开启电压为 2 V）。发光二极管性能好坏判别方法与普通二极管的检测方法相同。如果正、反向电阻均为 0 或 ∞，说明发光二极管已坏。检测时，用万用表两表笔轮换接触发光二极管的两个引脚。若发光二极管性能良好，必定有一次能正常发光，此时，黑表笔所接的为正极，红表笔所接的为负极。

思考与习题

1. 发光二极管常使用什么材料？
2. 发光二极管的内阻大约有多大？
3. 光电三极管的检测方法是什么？

1.7　电声器件

电声器件是指电和声相互转换的器件，它是利用电磁感应、静电感应或压电效应等来完成电声转换的，包括扬声器、耳机、传声器和唱头等。随着电子工业的调整、信息技术和通信技术的迅猛发展，电声行业的发展受到了巨大影响，行业发展迅速。因此，无论是国内市场还是国际市场，都表现出电声产品需求量大、市场规模增长较快的特点，这为我国电声行业的发展提供了强有力的市场动力。

1.7.1 扬声器

1．工作原理

扬声器俗称喇叭，是一种能够将电信号转换为声音的电声器件，是音响系统中的重要器材。作为将电能转变为声能的电声换能器件之一，扬声器的品质、特性对整个音响系统的音质起着决定性的作用。

2．扬声器的分类

扬声器的种类很多，外形各种各样，其分类方式有多种。

按其换能原理，扬声器可分为电动式（即动圈式）扬声器、静电式（即电容式）扬声器、电磁式（即舌簧式）扬声器、压电式（即晶体式）扬声器等几种，后两种多用于有线广播网中。

按频率范围，扬声器可分为低频扬声器（15～5 000 Hz）、中频扬声器（5 000～7 500 Hz）和高频扬声器（2.5～25 kHz），这些常在音箱中作为组合扬声器使用。

按振膜形状分，扬声器主要有锥形扬声器、平板形扬声器、球形扬声器、带状形扬声器和薄片形扬声器等。

按放声频率分，扬声器可分为低音扬声器、中音扬声器、高音扬声器和全频带扬声器等。

3．扬声器的结构

电动式扬声器应用最广泛，它分为纸盆式扬声器、号筒式扬声器和球顶形扬声器3种。

（1）纸盆式扬声器。纸盆式扬声器又称动圈式扬声器，它由三部分组成：

①振动系统，包括锥形纸盆、音圈和定心支片等；

②磁路系统，包括永久磁铁、导磁板和场心柱等；

③辅助系统，包括盆架、接线板、压边和防尘盖等。

当处于磁场中的音圈有音频电流通过时，就产生随音频电流变化的磁场，这一磁场和永久磁铁的磁场发生相互作用，使音圈沿着轴向振动而发出声音。该扬声器结构简单，低音丰满，音质柔和，频带宽，但效率较低。

（2）号筒式扬声器。号筒式扬声器由振动系统（高音头）和号筒两部分构成。振动系统与纸盆式扬声器相似，不同的是振膜不是纸盆，而是一球顶形膜片。振膜的振动通过号筒（经过两次反射）向空气中辐射声波。号筒式扬声器具有方向性强、功率大、效率高的优点，因此广泛用于会场、田间、广阔的原野等场合。专业用的高频号筒式扬声器有音质好、频率响应好的特点，主要用于剧场等要求较高的场合。号筒式扬声器的不足之处是低频响应差，频带较窄，容易产生非线性失真。号筒式扬声器与纸盆式扬声器的主要区别是间接辐射，即振膜振动后，声音要经过号筒向外扩散，使声音大为增强，而且使声音向一个方向集中传播，使声音传播的距离更远。

（3）球顶形扬声器。球顶形扬声器是目前音箱中使用最广泛的电动式扬声器之一，其最大优点是中高频响应优异，指向性较宽。此外，它还具有瞬态特性好、失真小和音质较好等优点。球顶形扬声器适用于目前市场上所有的家庭影院系列音箱。

①电磁式扬声器。电磁式扬声器又称舌簧式扬声器，声源信号电流通过音圈后会把用软铁材料制成的舌簧磁化，磁化了的可振动舌簧与磁体相互吸引或排斥，产生驱动力，使振膜振动而发音。电磁式扬声器的阻抗高，灵敏度和效率较高，但音质较差，目前已较少采用。

②静电式扬声器。在静电式扬声器中，极薄的振膜在静电力作用下前后移动，它与依靠电磁力来使振膜作前后移动的电动式扬声器不同。静电式扬声器的振膜质量极轻，因而解析力极佳，能捕捉音乐信号中极为细微的变化，充分表现音乐的神韵。

③压电式扬声器。压电式扬声器利用压电材料受到电场作用而发生形变的原理，将压电元件置于音频电流信号形成的电场中，使其发生位移，从而产生逆电压效应，最后驱动振膜发声。

4. 扬声器的外形和符号

扬声器的外形和符号如图 1-60 所示。

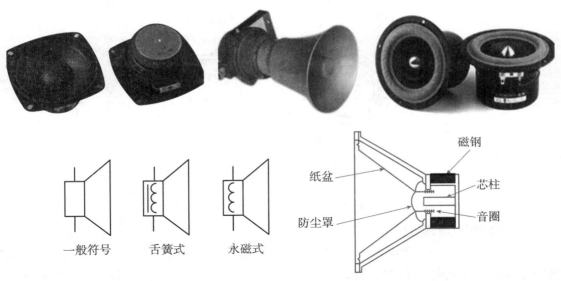

图 1-60　扬声器的外形和符号

5. 检测扬声器性能

检测时，将万用表置于 R×1 挡，并进行欧姆挡调零。然后用万用表两支表笔（不分正、负极）断续触碰扬声器的两个引出端，扬声器中应发出"喀、喀……"声，声音越大越清脆越好。如果无声，说明该扬声器已损坏；如果"喀、喀……"声小或不清晰，说明该扬声器质量较差。检测扬声器性能如图 1-61 所示。

6. 检测扬声器音圈电阻

通过测量扬声器直流电阻的方法来检测扬声器。万用表仍置于 R×1 挡，并进行欧姆挡调零。然后将万用表两支表笔（不分正、负极）接扬声器的两个引出端，表针所指即扬声器音圈的直流电阻，应为扬声器标称阻抗的 80% 左右。如果阻值过小，说明音圈有局部短路；如果不通（表针不动），则说明音圈已断路，扬声器已损坏。检测扬声器音圈电阻如图 1-62 所示。

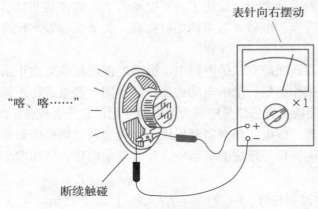

图 1-61　检测扬声器性能

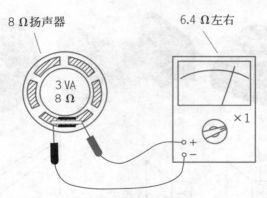

图 1-62　检测扬声器音圈电阻

7．检测扬声器正负极

方法一：使用一节干电池，用导线将其正负极分别接触扬声器的两个接线端。若纸盆向前运动，则接电池正极的一端为扬声器的正极（可涂红漆区别）；若纸盆向后运动，则接电池负极的一端为扬声器的正极。或者选用万用表，此时应将万用表的量程开关拨在 R ×1 挡上。两支表笔分别接触扬声器的接线端，仔细观察纸盆的运动方向。若纸盆向前运动，则黑表笔接触的接线端为扬声器的正极；若纸盆向后运动，则红表笔接触的接线端为扬声器的正极。

方法二：使用一只高灵敏度的直流电流表头（万用表的 50 μA 挡或 250 μA 挡均可），将其并联在扬声器的两个接线端上。双手按住纸盆迅速一压（但用力不要太大，以免损坏纸盆），若表头指针自左向右摆动，则接表头负极的一端为扬声器的正极；若表头指针自右向左摆动，则接表头正极的一端为扬声器的正极。检测扬声器正负极如图 1-63 所示。

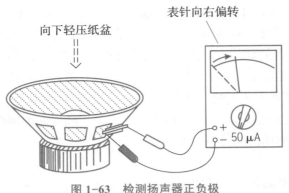

图 1-63　检测扬声器正负极

1.7.2　耳机

耳机又称耳塞，也是一种将电信号转换为声音信号的电声器件。额定频率一般在 0.25 W 以下。

1．耳机的外形

耳机的外形如图 1-64 所示。

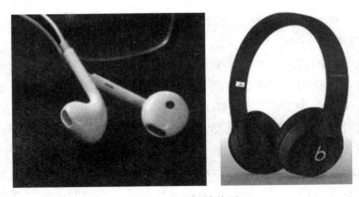

图 1-64　耳机的外形

2．耳机的分类

耳机按结构可分为覆耳式、贴耳式、入式和耳塞四种类型；按传送声音的不同，可分为单声道和立体声两种类型；按换能原理，可分为电磁式、压电式、电动式、静电式四种类型。

（1）覆耳式耳机。覆耳式耳机属于传统耳机类型，比其他类型的产品笨重，但舒适性更佳。这是一种拥有传统外观的耳机，配有缓冲垫料以覆盖整个耳部。这种设计使得此类耳机即使长时间佩戴也无不适感，且整体音质佳。另一方面，此类产品较其他类型笨重，不便于携带。

（2）贴耳式耳机。此类耳机贴合在耳部，而不是覆盖整个耳部。它们通常比覆耳式耳机小、轻。贴耳式耳机也有泡沫或皮质垫料（有时）以提高舒适度。许多贴耳式耳机采用开放式设计，意味着它们不能提供与覆耳式耳机相当水平的低音。

（3）入式耳机。入式耳机可提供比普通耳塞更好的音质，且音频泄漏更少。入式耳机可能是最为常见的类型，且通常为便携式音乐播放器的成套配件。它们被放置在耳道内，更适合部分使用者的耳部。通常，此类耳机的音质要比覆耳式和贴耳式耳机的差，尤其是低音部分。但优点是尺寸小，便于携带，而且在防止音频泄漏方面表现出色。

（4）耳塞。耳塞和入式耳机尺寸相近，人体在移动中使用耳塞听音乐十分方便。它们位于耳道外，没有完全封闭听觉，意味着容易出现音频泄漏的问题。

整体而言，在四类耳机产品中，耳塞提供的音质体验最差。

3．耳机的检测

目前常用的耳机分高阻抗和低阻抗两种。高阻抗耳机阻抗一般是 $800 \sim 2\,000\,\Omega$，低阻抗耳机阻抗一般是 $8\,\Omega$ 左右。

检查低阻抗耳机时可用万用表 $R \times 1$ 挡，而检查高阻抗耳机时将万用表拨至 $R \times 100\,\Omega$ 挡，用万用表的两支表笔断续触碰耳机的两个引线插头（地线和芯线）。如果听到"喀、喀……"声，说明耳机良好，喀喇声越响，其电声转换效率越高。

如果碰触时听不到"喀、喀……"声，则说明耳机是坏的，不能使用。如果测试中听到失真的声音，则说明音圈不正或音膜损坏变形。

立体声耳机一般有三芯插头，两根芯线中一根是 R（右）通道，一根是 L（左）通道。简单地说立体声耳机等于两个耳机，因此可以分别检查。

4．耳机的选用

（1）根据收听目的选择。如果主要用于收听语音广播，只要语音清晰度好就可以，对音质要求不高，可选用灵敏度较高的耳机；如果主要用于收听音乐，则要选择频带较宽、音质较好的耳机，灵敏度可放在其次。

（2）根据放音设备的档次高低选择。好的耳机需要好的声源和放音设备，如果耳机很好，而音响设备的输出频响不好，且失真，再好的耳机也无济于事，因此要根据放音设备的档次来选用耳机。

（3）根据放音设备的声道数选择。依据放音设备的声道数来选择耳机，单声道放音设备要选用单声道耳机，双声道放音设备要选用双声道耳机。

（4）根据使用的环境场合选择。在环境噪声较大的场合可选用不通气的耳罩（护耳式），在家庭中便可选用通气式耳罩。此外，使用耳机时还应注意：切勿将音量开得太大，由于耳机的功率较小，耳机的振动系统的振动范围有限，音量太大时会损坏耳机。

1.8　控制与保护器件

控制与保护器件是低压电器中的新型大类产品，除了手动控制外，还能够自动控制，其功能主要是能够接通、承载和分断正常条件下包括规定的运行过载条件下的电流，且能够接通、承载和分断非正常条件下的电流，如短路电流，具有过载和短路保护功能。

1.8.1 交流接触器

1. 交流接触器的外形

交流接触器的外形如图 1-65 所示。交流接触器是一种中间控制元件，优点是可频繁地通、断线路，一般以小电流或小电压控制大电流或大电压。配合热继电器工作可以对负载设备起到一定的过载保护作用。

图 1-65 交流接触器的外形

2. 交流接触器的工作原理

当线圈通电时，静铁芯产生电磁吸力，将动铁芯吸合，由于触点系统是与动铁芯联动的，因此动铁芯带动三条动触片同时运行，触点闭合，从而接通电源。

当线圈断电时，静铁芯产生的电磁力消失，动铁芯在弹簧作用下与静铁芯分离，三条动触片产生动作，使得主触点呈断开状态，常闭辅助触点呈闭合状态，常开辅助触点呈断开状态，电源切断。交流接触器电路如图 1-66 所示、交流接触器实物接线如图 1-67 所示。

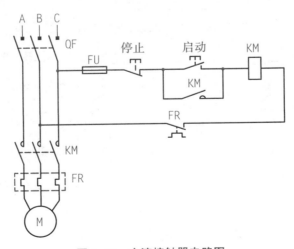

图 1-66 交流接触器电路图

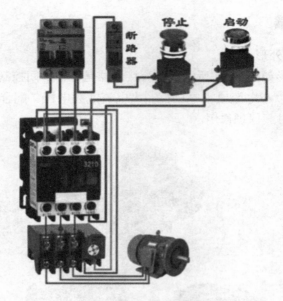

图 1-67　交流接触器实物接线图

3. 交流接触器的结构和符号

交流接触器主要由电磁系统、触点系统、灭弧装置、绝缘外壳及附件四大部分构成。电磁系统包括吸引线圈、动铁芯和静铁芯；触点系统包括主触点、常开辅助触点、常闭辅助触点；灭弧装置用于在需要时迅速切断电弧，以免烧坏主触点；而绝缘外壳及附件常包括各种弹簧、传动机构、接线柱等。交流接触器的结构和符号如图 1-68 所示。

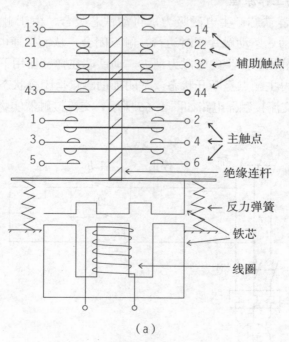

（a）

图 1-68　交流接触器的结构和符号
（a）结构

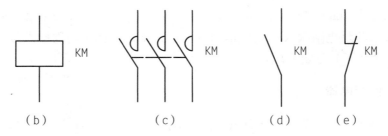

（b）　　　　　　（c）　　　　　　（d）　　　　（e）

图 1-68　交流接触器的结构和符号（续）

（b）线圈；（c）主触点；（d）常开（动合）辅助触点；（e）常闭（动断）辅助触点

4．交流接触器的检测

（1）看。看其是否工作。开机后如果接触器吸合，此时风机工作，压机不工作（设电容为好的），可初步判定接触器坏。因为压机和外风机都是通过接触器的常开触点控制的，所以触点工作是同步的。如果其中一个工作，另一个不工作，可大致判定接触器坏。检测交流接触器如图 1-69 所示。

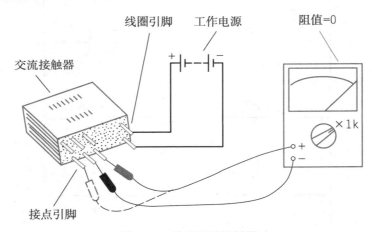

图 1-69　检测交流接触器

（2）听。听其是否有很响的"吱……"声。如果有"吱……"的声响，则可能是：①电源电压低；②接触点上有脏物或动、静铁芯接触面上有脏物。若听到"咔、咔……"的接触器吸不上的声音，多存在两种情况：①电源电压低；②接触器吸力不够。

（3）闻。闻一闻有没有焦味，如有，请查一下绕组和触点。

（4）量。断电，将触点控制端的线取下，用万用表欧姆挡量，按下试验端头三个主触点及另一组常开触点，都应是导通的，常闭触点不应导通。放下试验端头，主触点及常开触点都不应导通，常闭触点应导通。线圈绕组值为 200Ω 左右。测量前应先把一端的线去掉再测量。

（5）短接。开机，接触器吸合后，如压机不转，不确定接触器的触点是否坏了，可以用尖嘴钳拧开，用两尖头分别短接同一组的上下触点，如果此时压机工作了，则证明触点坏了（注：在使用此方法时应注意安全）

（6）用万用表 2 kΩ 以下挡测量线圈。看线圈是否断路，如果断路证明线圈坏。

（7）用万用表 200 Ω 挡测量常闭和常开（测量常开用手按住或者通电吸住）辅助触点通不通。如果测量电阻很大，表明辅助触点接触不好，如果辅助触点接有负载，测量电压时，电压会达不到额定电压。

1.8.2 中间继电器

中间继电器是在自动控制电路中起控制与隔离作用的执行部件，广泛应用于遥控、遥测、通信、自动控制、机电一体化及电力电子设备中，是最重要的控制元件之一。中间继电器用在继电保护与自动控制系统中，以增加触点的数量及容量。它用来在控制电路中传递中间信号。中间继电器的结构和原理与交流接触器基本相同，与接触器的主要区别在于：接触器的主触点可以通过大电流，而中间继电器的触点只能通过小电流。所以，它只能用于控制电路中。它一般是没有主触点的，因为过载能力比较小，所以它用的全部都是辅助触点，数量比较多。中间继电器的外形和符号如图 1-70 所示。

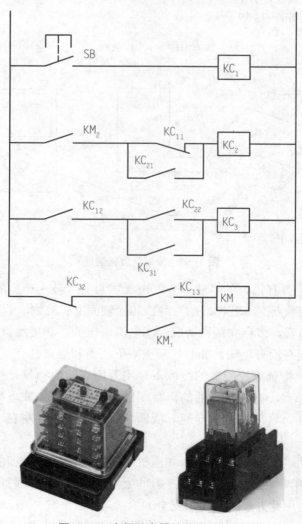

图 1-70　中间继电器的外形和符号

1.8.3 空气断路器

空气断路器是低压配电网络和电力拖动系统中非常重要的一种电器，它集控制和多种保护功能于一身。除了能完成接触和分断电路外，它尚能对电路或电气设备发生的短路、严重过载及欠电压等进行保护，也可以用于不频繁起动的电动机。

1. 空气断路器外形和符号

空气断路器的外形和符号如图1-71所示。

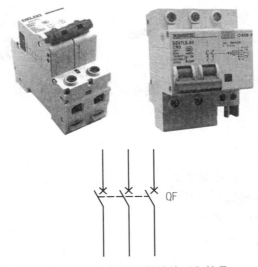

图1-71　空气断路器的外形和符号

2. 空气断路器的电磁原理及结构

空气断路器的电磁原理：当线圈中经过负载电流时，其电磁铁吸力比较小，而经过短路电流时吸力比较足，从而使衔铁动作来带动脱扣器脱扣，这样电路就会自然断开，所以非常安全。其结构如图1-72所示。

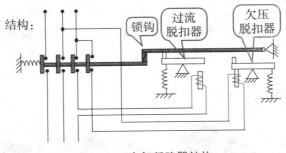

图1-72　空气断路器结构

3. 空气断路器的检测

把万用表调到电阻挡（如果是机械的万用表就调到电阻挡的最小挡），用万用表的红表笔和黑表笔分别接触空气开关的上口和下口，如果万用表的电阻读数无穷大，证明空气开关的断开功能是正常的。然后合上空气开关读取万用表电阻的读数。合上闸通电后空气开关的电阻一般只有几欧，如果测出电阻几十欧或几百欧甚至无穷大，说明空气开关坏了。一般家庭所使用的空气开关都不会超过 10 Ω。检测空气开关绝缘性能如图 1-73 所示。

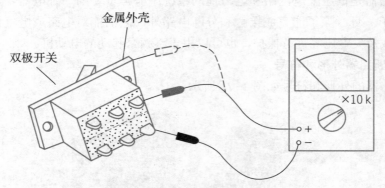

图 1-73　检测空气开关绝缘性能

思考与习题

1. 空气断路器有哪几种保护功能？
2. 中间继电器与交流接触器的区别是什么？
3. 交流接触器烧坏有哪些原因？
4. 交流接触器的作用是什么？

贴片元器件介绍

1.9　贴片元器件

贴片元器件具有体积小、质量轻、安装密度高、抗震性强、抗干扰能力强、机械强度高、高频特性好等优点，广泛应用于计算机、手机、电子词典、医疗电子产品、摄录机、电子电度表及 VCD 机等电子产品中。贴片元器件按形状可分为矩形、圆柱形和异形三种类型；按种类可分为电阻、电容、电感、晶体管及小型集成电路等。

1.9.1　贴片电阻

贴片电阻的外形如图 1-74 所示。

图 1-74　贴片电阻的外形

贴片电阻的阻值与一般电阻一样，在电阻体上标明。贴片电阻共有三种阻值标称法，但标称方法与一般电阻不完全一样。

1．数字索位标称法（用于一般矩形片状电阻）

数字索位标称法就是在电阻体上用三位数字来标明其阻值。它的第一位和第二位为有效数字，第三位表示在有效数字后所加"0"的个数，这一位不会出现字母。例如："472"表示 4 700 Ω，"151"表示 150 Ω。如果是小数，则用"R"表示小数点并占用一位有效数字，其余两位是有效数字。例如："2R4"表示 2.4 Ω；"R15"表示 0.15 Ω。

2．色环标称法（用于晶圆电阻与插件电阻）

贴片电阻与一般电阻一样，大多采用四环（有时三环）标明其阻值。第一环和第二环是有效数字，第三环是倍数。例如："棕绿黑"表示 15 Ω；"蓝灰橙银"表示 68 kΩ，误差 ±10%。

3．E96 数字代码与字母混合标称法

数字代码与字母混合标称法也是采用三位标明电阻阻值，即"两位数字加一位字母"。其中：两位数字表示的是 E96 系列电阻代码（表 1-11），它的第三位是用字母代码表示的倍数（表 1-12）。例如："51D"表示 $3.32×10^5$ Ω=332 kΩ，"65A"表示 $4.64×10^2$ Ω=464 Ω。

表 1-11　E96 系列精密电阻阻值查询表

十位	个位									
	0	1	2	3	4	5	6	7	8	9
0	—	1.00	1.02	1.05	1.07	1.10	1.13	1.15	1.18	1.21
1	1.24	1.27	1.30	1.33	1.37	1.40	1.43	1.47	1.50	1.54
2	1.58	1.62	1.65	1.69	1.74	1.78	1.82	1.87	1.91	1.96
3	2.00	2.05	2.10	2.15	2.21	2.26	2.32	2.37	2.43	2.49
4	2.55	2.61	2.67	2.74	2.80	2.87	2.94	3.01	3.09	3.16
5	3.24	3.32	3.40	3.48	3.57	3.65	3.74	3.83	3.92	4.02
6	4.12	4.22	4.32	4.42	4.53	4.64	4.75	4.87	4.99	5.11
7	5.23	5.36	5.49	5.62	5.76	5.90	6.04	6.19	6.34	6.49
8	6.65	6.81	6.98	7.15	7.32	7.50	7.68	7.87	8.06	8.25
9	8.45	8.66	8.87	9.09	9.31	9.53	9.76			

表 1-12　E96 阻值倍数代码表

代码	A	B	C	D	E	F	G	H	X	Y	Z
倍数	10^2	10^3	10^4	10^5	10^6	10^7	10^8	10^9	10^1	10^0	10^{-1}

1.9.2　贴片电容

贴片电容的外形如图 1-75 所示。

图 1-75　贴片电容的外形

贴片电容多因体积所限，不能标注其容量，所以一般是在贴片生产时的整盘上进行标注。如果是单个的贴片电容，用电容测试仪可以测出它的容量。

万用表测量电容大小：用专用测试夹将两根电极插入数字万用表电容测试孔内，挡位选择电容挡适当量程上，夹上贴片电容即可读出电容值。

通用型贴片电容包括四个常用的封装：0402、0603、0805、1206。它的容量范围一般在 0.5 pF ～ 1 μF。1210、1812、1825、2225 则是大规格贴片电容，容量范围在 1 ～ 100 μF。

介质种类：贴片电容的介质实际上对应着该电容的工作温度。介质不同，工作温度不同。

标称容量代号（单位：pF）：标称阻值 100 pF，标称容量采用 E24 标准的三位数表示法或 E96 标准四位数表示法，前两位是有效数字（E96 四位数表示法中，前三位是有效数字），最后一位是有效数字后所加"0"的个数。

电容值误差精度代号：F（±1%）、G（±2%）、H（±3%）、J（±5%）、K（±10%）等。

额定工作电压：500 表示 50 V；501 表示 500 V；6R3 表示 6.3 V。

端头电极种类：通用型贴片电容一般采用 N（银或铜层 / 锡层 / 镍层三层电镀端头）、S（纯银端头）、C（纯铜端头）。

1.9.3　贴片电感

贴片电感的外形如图 1-76 所示。

图 1-76　贴片电感的外形

贴片电感具有小型化、高品质、高能量储存和低电阻等特性。功率贴片电感分带磁罩和不带磁罩两种，主要由磁芯和铜线组成。在电路中主要起滤波和振荡作用。贴片电感的主要参数有电感量、允许偏差、分布电容、额定电流及品质因数等。

功率贴片电感有圆形、方形和长方形等封装形式，颜色一般是黑色的，也有灰色的。带铁芯的电感（又称圆形电感）从外观上非常容易辨识。有的贴片电感与贴片电阻外形一样，很难进行区分，如果没有标注数字和字母，那么标注一个圆圈的即为电感元件。

1.9.4　贴片二极管和三极管

1．贴片二极管的外形

贴片二极管的外形如图 1-77 所示。

图 1-77　贴片二极管的外形

2．贴片二极管标识

贴片二极管也有片状和管状两种，其外形与引脚位置如图 1-77 所示。其型号标记（代码）由字母或字母与数字组合而成，但最多不超过 4 位。需要说明的是，同一标记因生产厂家不同，可能代表不同型号，也可能代表不同器件。可以观察贴片二极管表面，通常贴片二极管负极会注明标识，如贴片二极管负极会存在白色方块或横线这类的标识。贴片二极管标识如图 1-78 所示。

图 1-78　贴片二极管标识

图 1-78 中框内区域有 4 根横线的这端为负极，另一端则为正极。贴片二极管因生产厂家的不同也存在不同的标识。除了图 1-78 那种 4 根横线的，有些用两根横线或者白色长方块的。不管是什么样的标识，只要记住一点，有明显标识的一端是负极，没有任何标识的一端则是正极。

用万用表测试极性时，将万用表调到相应的挡位并放好表笔，如果屏幕显示 1，说明红表笔一端是正极，另一端则是负极。

3．贴片三极管

（1）贴片三极管的外形。贴片三极管的外形如图 1-79 所示。

图 1-79　贴片三极管的外形

（2）贴片三极管命名。贴片三极管经常称为芝麻三极管，它体积微小，种类很多，有 NPN 管与 PNP 管，有普通管、超高频管、高反压管、达林顿管等。

贴片二极管和三极管，与对应的通孔器件比较，体积小，耗散功率也较小，其他参数变化不大。电路设计时，应考虑散热条件，可通过给器件提供热焊盘，将器件与热通路连接，用在封装顶部加快散热。此外，还可采用降额使用来提高可靠性，即选用额定电流和电压为实际最大值的 1.5 倍，额定功率为实际耗散功率的 2 倍左右。

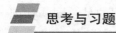 **思考与习题**

1．贴片电阻的常见故障有哪些？

2．焊接贴片元器件有哪些注意事项？

3．怎么测量贴片电容的容量？

4．怎么判断贴片三极管的好坏？

以工匠精神筑梦新时代

项目2　常用仪器、仪表

学习目标

1．知识目标

（1）熟悉常用仪器、仪表的功能；

（2）熟悉常用仪器、仪表的使用方法及注意事项；

（3）熟悉常用仪器、仪表的基本参数。

2．能力目标

（1）认识常用仪器、仪表；

（2）能够维护常用仪器、仪表；

（3）掌握常用仪器、仪表的使用方法及注意事项。

3．素质目标

（1）养成严谨的操作工作作风；

（2）培养精益求精的工匠精神；

（3）培养爱岗敬业的职业精神。

2.1　万用表的介绍

万能表也称万用表、多用表、三用表、复用表，是一种多功能、多量程的测量仪表，一般万用表可测量直流电流、直流电压、交流电压、电阻和音频电平等，有的还可以测量交流电流、电容量、电感量及半导体的一些参数。

2.1.1　指针万用表

1．介绍

指针式万用表又称模拟式万用表，以下简称万用表。万用表的主要特点是准确度较高，测量项目较多，操作简单，价格低廉，携带方便，目前仍是国内最普及、最常用的一种电测仪表。常用指针万用表如图 2-1 所示。

2．指针万用表的功能特点

（1）准确度。万用表的精度一般用准确度表示。它反映了仪表基本误差的大小，准确度越高，测量误差越小，万用表的准确度等级主要有 1.0、1.5、2.5、5.0 四个等级。例如，2.5 级准确度即表示基本误差为 ±2.5%，依次类推。在国产万用表中，F15B 型的准确度最高，测量直流电压（DCV）、直流电流（DCA）和电阻（R）的准确度都是 1.0 级，可供实验室使用。目前被广泛使用的 500 型万用表则属于 2.5 级仪表。

图 2-1　常用指针万用表

（2）灵敏度。万用表所用表头的满度电流 I_g 称作表头灵敏度，一般为 10~200 μA，I_g 越小，表头灵敏度越高。万用表的电压灵敏度 S_v 等于电压挡的等效内阻 R_v 与满量程电压 U_M 的比值，其单位是 Ω/V 或 kΩ/V，S_v 数值一般标在仪表盘上。500 型万用表的直流电压灵敏度为 20 kΩ/V，交流电压灵敏度则降低到 4 kΩ/V。电压灵敏度越高，表明万用表的内阻（即仪表输入电阻）越高，这种仪表适合电子测量用，可以测量高内阻的信号电压。低灵敏度万用表仅适合于电工测量。

（3）测量功能。普通万用表大多只能测量电压、电流和电阻，因此也称 VAΩ 三用表。近年来问世的新型万用表（如 CA5217、F15B、MX57EX、CA5231）增加了许多新颖实用的测试功能，如测量电容、电感、晶体管参数、电池容量、音频功率、直流高压和交流高压，检查线路通断（蜂鸣器挡）。有的万用表还设计了信号发生器，给家电维修人员提供了方便。

（4）频率特性。万用表的工作频率较低，频率范围窄。便携式万用表工作频率一般为 45~2 000 Hz，袖珍式万用表工作频率大多为 45~1 000 Hz。虽然有些万用表（如 MF10 型）的说明书中规定可以扩展频率范围，但其基本误差也随之增大。

3.　指针万用表的使用方法

在使用万用表之前，应先进行"机械调零"，即在没有被测电量时，使万用表指针指在零电压或零电流的位置上。在测量电阻时，要进行"欧姆调零"。

使用万用表过程中，不能用手去接触表笔的金属部分，这样一方面可以保证测量的准确性，另一方面也可以保证人身安全。

在测量有关电的某一物理量时，不能在测量的同时换挡，尤其是在测量高电压或大电流时，更应注意。否则，会使万用表毁坏。如需换挡，应先断开表笔，换挡后再去测量。

在使用万用表时，必须水平放置，以免造成误差。同时，还要避免外界磁场对万用表的影响。

万用表使用完毕，应将转换开关置于交流电压的最大挡。如果长期不使用，还应将万用表内部的电池取出来，以免电池腐蚀表内其他器件。

在使用模拟万用表时，分别将两支测量表笔的一端按红接正（+）、黑接负（−）的要求插到测量端，然后确认指针是否在"0"位。指针应与刻度盘左侧的端线对齐，如果不一致，则要进行零位调整。在测量电流和电压之前，要先估计一下待测电流和电压的范围，先设在较大的挡位，然后再调到合适的挡位，以避免过大的电流将万用表烧坏。

在进行测量时，要考虑到万用表内阻的影响。例如，为了测量电压，要将表笔接到被测电路上，这时万用表内的电阻上也有电流流过，这对测量值有一定的影响。测量同一点的电压时，若使用不同的挡位，万用表的内阻不同，影响程度也不同。

在测量晶体管电子电路时，以直流挡选 20 kΩ/V 的内阻比较好，这个数值通常标注在万用表刻度盘上。另外，晶体管电路往往还需要测量低值电压，如 0.1 V，这时所选万用表要具有 1 V 挡的测量范围。

2.1.2 数字万用表

1．介绍

数字万用表是一种多用途的电子测量仪器，一般包含安培计、电压表、欧姆计等功能，有时也称为万用计、多用计、多用电表或三用电表。它具有很高的准确度与分辨力，显示清晰直观，功能齐全，性能稳定，测量速度快，过载能力强，耗电量小，便于携带。与指针式万用表相比，数字万用表的主要优点是量程范围宽、精确度高、测量速度快、输入阻抗高等。常用的数字万用表如图 2-2 所示。

2．数字万用表的使用方法

将 ON–OFF 开关置于 ON 位置，检查 9 V 电池。如果电池电压不够，则应更换电池；如果没有出现该情况，则按以下步骤进行。

测验前，功能开关应置于所需量程上，同时要注意旋钮的位置。

同时要特别注意的是，测量过程中，若需要换挡或换插针位置，必须将两支表笔从被测物体上移开，再进行换挡和换插针位置。

用带有通断蜂鸣的数字多用表进行通断测量更加简单、快捷。当测到一个短路电路时，万用表发出蜂鸣声。

用电压挡测量电压时，必须把黑表笔插于 COM 孔，红表笔插于 V 孔。若测直流电压，则将指针调到直流电压挡位。若测交流电压，则将指针调到交流电压挡位。

3．数字万用表的使用注意事项

如果不知道被测电压范围，将功能开关置于大量程，并慢慢降低量程（不能在测量过程中改变量程）。

如果显示"1"，表示过量程，功能开关应置于更高的量程。

△！表示不要输入高于万用表要求的电压，显示更高的电压值是可能的，但有破坏内部线路的危险。

万用表的使用方法

当测量高压时，应特别注意避免触电。

数字表电压挡的内阻很大，至少在兆欧级，对被测电路影响很小。但极高的输出阻抗使其易受感应电压的影响，在一些电磁干扰比较强的场合测出的数据可能是虚的，要注意避免外界磁场对万用表的影响。

在使用万用表过程中，不能用手去接触表笔的金属部分，这样一方面可以保证测量的准确性，另一方面也可以保证人身安全。

测量电容容量时，将旋钮调到电容挡（F挡），在数字万用表的挡位左下方有两个孔，上面标注的是Cx，把需要测的电容元件插入即可，对有极性的电容要注意正负极。

在测量电流时，若运用mA挡进行测量，须把万用表黑表笔插在COM孔上，把红表笔插在mA挡上。若运用10 A挡进行测量，则黑表笔仍插在COM孔上，而把红表笔拔出插到10 A孔上。

电流测量需注意：

如果运用前不知道被测电流范围，将功能开关置于最大量程并慢慢降低量程（不能在测量过程中改变量程）。

如果显示器只显示"1"，表示过量程，功能开关应置于更高量程。

表笔插孔上表示最大输入电流为10 A，测量过大的电流将会烧坏保险丝。

二极管挡的应用：将万用表指针打到二极管挡，黑表笔插入COM孔，红表笔插入V孔。此挡位除了可测量二极管外，还可用于测量三极管、编码开关、线路是否连通等。

hFE挡的应用：此挡位主要用于测量三极管的放大倍数 β 值。在测量之前，须先确定三极管是PNP型或NPN型，同时确定各引脚极性，确定无误后，插入相应引脚孔即可。

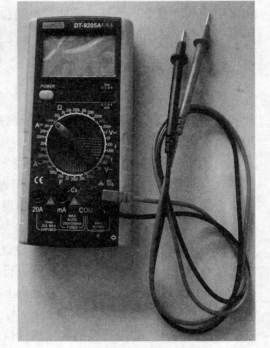

图2-2　常用的数字万用表

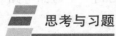

思考与习题

1. 数字万用表的使用注意事项有哪些？

2. 如何用数字万用表去测试晶体三极管？

2.2 模拟示波器介绍

示波器是一种用途十分广泛的电子测量仪器。它能把肉眼看不见的电信号变换成看得见的图像，便于人们研究各种电信号现象的变化过程。示波器利用狭窄的、由高速电子组成的电子束，打在涂有荧光物质的屏面上，就可产生细小的光点。在被测信号的作用下，电子束就好像一支笔的笔尖，可以在屏面上描绘出被测信号的瞬时值的变化曲线。利用示波器能观察各种不同信号幅度随时间变化的波形曲线，还可以用它测试各种不同的电量，如电压、电流、频率、相位差、调幅度等。常用的模拟示波器如图 2-3 所示。

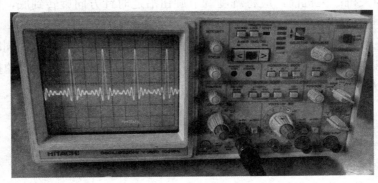

图 2-3　常用的模拟示波器

2.2.1　模拟示波器的使用方法

先预调。将旋转辉度旋钮反时针旋转到底，将竖直和水平位移旋转到中间，衰减置于最高挡，扫描置于"外 X 挡"。

再开电源，指示灯亮后等待一两分钟，预热后再进行相关的操作。

先调辉度，再调聚焦，进而调水平和竖直位移，使亮点在中心合适区域。

调扫描、扫描微调和 X 增益，观察扫描。

把"外 X 挡"调到合适的扫描范围挡，观察机内提供的竖直方向按正余弦规律变化的电压波形。

把待研究的外加电压由"Y 输入"和地间接入示波器，调节各挡到合适位置，可观察到此电压的波形与时间变化的图像，调同步极性开关可使图像的起点从正半周或负半周开始。

如欲观察亮斑（如外加一直流电压时）的竖直偏移，可把扫描调节到"外 X 挡"。

2.2.2　模拟示波器的使用注意事项

模拟示波器使用时，应注意以下事项。

（1）注意防水、防摔、防尘：模拟示波器是精密的电子设备，应避免接触水、摔落或暴露在尘土较多的环境，以保护其内部电路和显示屏幕。

（2）避免频繁开关机：热电子仪器一般要避免频繁开机、关机，因为频繁开关机可能会导致示波器内部的电子元器件受损，影响使用寿命和测量精度。

（3）注意测量系统的匹配：示波器属于测量系统，应避免测量市电 AC220 V 或与市电 AC220 V 不能隔离的电子设备的浮地信号，以防止设备损坏或测量不准确。

（4）调整亮度和聚焦：通过调节亮度和聚焦旋钮使光点直径最小，以使波形清晰，减小误差。同时，应避免使光点停留在一点不动，以免电子束轰击一点在荧光屏上形成暗斑，损坏荧光屏。

（5）注意输入电压："Y 输入"的电压不可太高，以免损坏仪器。在最大衰减时也不能超过 400 V。"Y 输入"导线悬空时受外界电磁干扰会出现干扰波形，应避免出现这种现象。

（6）正确关机：关机前，应将辉度调节旋钮沿逆时针方向旋转到底，使亮度减到最小，然后断开电源开关。

（7）避免干扰：如果发现波形受外界干扰，可将示波器外壳接地。同时，示波器应放置在远离强磁场和电场的地方，以免干扰。同时，还应遵循仪器设备的操作规程和安全规范，确保人身安全和设备安全。

思考与习题

1. 模拟示波器的使用方法有哪些？
2. 模拟示波器的使用注意事项有哪些？

2.3 GDS–1102A–U 数字存储示波器

GDS–1102A–U 数字存储示波器，带宽为 100 MHz，通道数为 2 通道，实时采样率为 1 GSa/s，等效采样率为 25 GSa/s，存储深度为 2 M，5.6 in[①]彩色无亮点 TFT 显示器，GDS–1102A–U 数字存储示波器支持 U 盘存储。常见的数字存储示波器如图 2-4 所示。

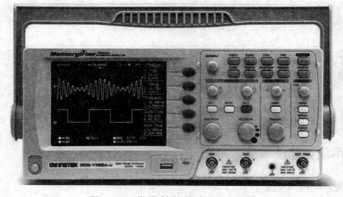

图 2-4 常见的数字存储示波器

---

① 　1 in=2.54 cm。

2.3.1 介绍

随着信号的日趋复杂，数字存储示波器即使取样率再高也很有可能无法完整地呈现信号的全貌或者信号与信号之间的相对关系。GDS-1102A-U 系列数字存储示波器，提供 70/100/150 MHz 频宽以及 1 GSa/s 高速实时取样速度，全新的 MemoryPrime 技术优化一般数字存储示波器长内存可能导致的波形更新率下降的问题，以便更有效率地全速分析波形的细节。

5.7 in 高解析的彩色无亮点 TFT 显示器，USB Host 及 Device 接口的支持，友善的操作人机接口，在操作上大显身手。

2.3.2 GDS-1102A-U 数字存储示波器特点

（1）2 个通道，70 / 100 / 150 MHz 频宽。

（2）双取样模式，1 GSa/s 即时取样率以及 25 GSa/s 等效采样率。

（3）内部 2 MHz 超大记忆体。

（4）垂直电压提供，2 mV/div~10 V/div 范围。

（5）水平时间扫描范围：1 ns/div~50 s/div。

（6）全系列 5.6 in 彩色无亮点 TFT 显示器。

（7）支持 27 项自动量测功能。

（8）USB Host 及 Device 接口。

（9）Go/NoGo 功能。

GDS-1102A-U 数字存储示波器技术参数见表 2-1。

表 2-1　GDS-1102A-U 数字存储示波器技术参数

GDS-1102A-U	
垂直系统	
通道数	2
带宽	DC ~ 100 MHz （-3 dB）
上升时间	< 约 3.5 ns
灵敏度	2 mV/div ~ 10 V/div （1-2-5 步进）
宽度	± （3% X | 读出数值 |+0.1 div + 1 mV）
输入耦合	AC，DC & 接地
输入阻抗	1 MΩ±2%，~15 pF
极性	正向，反向
大输入	300 V （DC+AC peak），CATII
波形信号处理	+，-，X，FFT，FFTrms，Zoom FFT

GDS-1102A-U	
偏移范围	2 ~ 50 mV/div：±0.4 V 100 ~ 500 mV/div：±4 V 1 ~ 5 V/div：±40 V 10 V/div：±300 V
带宽限制	20 MHz （-3 dB）
触发系统	
触发源	CH1、CH2，电源，外部触发
触发模式	自动，普通，单次，TV，边沿，脉宽
触发耦合	AC、DC，低频抑制、高频抑制，噪声抑制
灵敏度	DC ~ 25 MHz：约 0.5 div 或 5 mV
外部触发	
范围	±15 V
灵敏度	DC ~ 25 MHz：~ 50 mV；25 ~ 150 MHz：~15 mV
输入阻抗	1 MΩ±2%，~ 15 pF
大输入	300 V （DC AC peak），CATII
水平系统	
扫描范围	1 ns/div ~ 50 s/div （1-2.5-5 步进）；滚动模式：250 ms/div ~ 50 s/div
显示模式	主时基、窗口、窗口放大、滚动、X-Y
准确度误差	±0.01%
前置触发	最大 10 div
后置触发	1 000 div
X-Y 模式	
X- 轴输入	通道 1
Y- 轴输入	通道 2
相位移	±3° 在 100 kHz
信号获取系统	
实时采样率	最大 1 GSa/s
等效采样率	最大 25 GSa/s
垂直分辨率	8 bit
记录长度	最大 2 Mega 点

GDS-1102A-U	
获取模式	采样、峰值侦测、平均
峰值测量	10 ns （500 ns/div～10 s/div）
平均次数	2、4、8、16、32、64、128、256
游标及测量系统	
电压测量	V_{pp}、V_{amp}、V_{avg}、V_{rms}、V_{hi}、V_{lo}、V_{max}、V_{min}，上升沿之前 / 过冲，下降沿之前 / 过冲
时间测量	频率、周期、上升时间、下降时间、正脉宽、负脉宽、占空比
延迟测量	8 种时间延迟测量
游标测量	$\triangle V$ $\triangle T$
计频器	分辨率：6 位 宽度：±2% 信号源：除视频触发模式下，所有可用触发源
控制面板功能	
自动设定	自动调整垂直系统、水平系统，触发电平
存储	高达 15 组面板设定
波形存储	15 组波形
显示系统	
TFT LCD	5.7 in
显示分辨率	234×320 点
显示格线	8×10 格
显示亮度	可调整
接口	
USB Device	USB1.1 & 2.0 全速兼容（不支持印表机和 FLASH 闪存）
USB Host	图像（BMP）、波形数据（CSV）和面板设定（SET）
电源	
电压范围	AC 100～240 V、48～63 Hz，自动选择
其他功能	—
多国语言选单	有
即时帮助	有

GDS-1102A-U	
附件	用户手册 ×1 电源线 ×1 GTP-150A-2 探棒（10∶1/1∶1）×2
尺寸和质量	310 mm（*W*）×142（*H*）mm×140（*D*）mm 约 2.5 kg

2.3.3　数字示波器的使用方法

示波器作为精密的测量仪表，对使用环境及测量调整方法有严格的要求，一旦操作失误或设置不当都会直接影响测量结果，因此正确、规范的使用方法非常重要。下面以典型示波器为例，详细介绍一下使用方法。

数字示波器的使用

1．连接线

示波器的连接线主要有电源线和测试探头。电源线用来为示波器供电，测试探头用来检测信号。图 2-5 所示为示波器各连接线的连接方法。

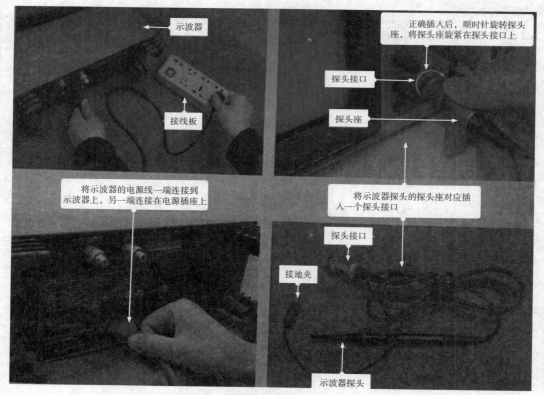

图 2-5　示波器各连接线的连接方法

2．开机和测量调整操作

当第一次使用或久置复用示波器时，开机后需对示波器进行自校正调整。按下电源开关，开启示波器，电源指示灯亮，约 10 s 后，显示屏上显示出一条水平亮线，这条水平亮线就是扫描线，如图 2-6 所示。

示波器正常开启后，为了使示波器处于最佳的测试状态，需要对示波器进行探头校正。校正时，将示波器探头连接在自身的基准信号输出端（1 000 Hz、0.5 V 方波信号）。在正常情况下，示波器的显示窗口会显示出 1 000 Hz 的方波信号波形。图 2-6 所示为示波器开机和测量前的调整操作。

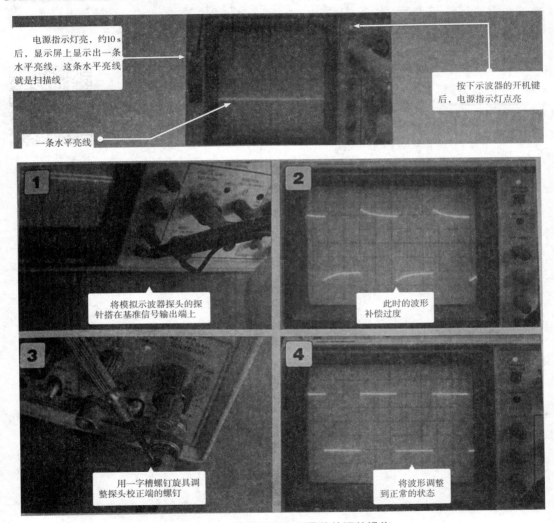

电源指示灯亮，约10 s 后，显示屏上显示出一条水平亮线，这条水平亮线就是扫描线

按下示波器的开机键后，电源指示灯点亮

一条水平亮线

将模拟示波器探头的探针搭在基准信号输出端上

此时的波形补偿过度

用一字槽螺钉旋具调整探头校正端的螺钉

将波形调整到正常的状态

图 2-6　示波器开机和测量前的调整操作

注意事项：

连接好探头后，示波器的显示屏上显示当前所测的波形，若出现补偿不足或补偿过度的情况，需要对探头进行校正操作。示波器波形补偿不足和补偿过度如图 2-7 所示。除此之外，使用示波器检测贴片元器件时，为了方便搭在贴片元器件的引脚端，可用针头与探头连接后再进行操作。

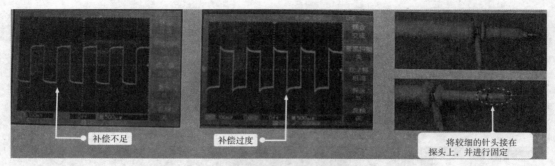

图 2-7 示波器波形补偿不足和补偿过度

 思考与习题

精益求精 勇于创新
——工匠精神述评

1. 简述指针万用表的使用方法。
2. 简述数字万用表的使用方法。
3. 使用数字万用表时，要注意哪些事项？
4. 用指针万用表、数字万用表测量电阻时，测量方法是否一样？有什么区别？
5. 使用数字存储示波器的操作步骤有哪些？

项目3 电子产品焊接技术

学习目标

1．知识目标

（1）熟悉常用焊接工具；

（2）熟悉常用焊接工具的使用方法及注意事项；

（3）熟悉常用焊接工具的结构。

2．能力目标

（1）认识常用焊接工具；

（2）能够维护常用焊接工具；

（3）掌握常用焊接工具的使用方法及注意事项。

3．素质目标

（1）养成严谨的操作工作作风；

（2）培养精益求精的工匠精神；

（3）培养爱岗敬业的职业精神。

3.1 电子产品焊接技术基础

焊接技术是电子制作中的基本技能。常用的焊接工具是电烙铁，焊接用料是锡铅合金、焊接的焊剂。焊接原理就是用高温将固态焊料加热熔化成液态焊料，在焊剂的配合下，使液态焊料在焊接物表面形成不同金属的良好熔合。

电烙铁是电子整机装配人员用于各类电子整机产品的手工焊接、补焊、维修及更换元器件的最常用的工具之一。

3.1.1 电烙铁的种类特点

根据不同的加热方式，电烙铁可以分为直热式、恒温式、吸焊式、感应式和气体燃烧式等。根据被焊接产品的要求，还有防静电电烙铁及自动送锡电烙铁等。为了适应不同焊接面的需要，通常电烙铁头也有不同的形状，有凿形、锥形、圆面形、圆尖锥形和半圆沟形等，如图 3-1 所示。

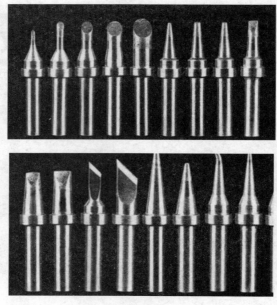

图 3-1　电烙铁头的形状

在电子元器件焊接操作过程中，常用的电烙铁主要有直热式电烙铁、恒温电烙铁和吸锡电烙铁等。

1. 直热式电烙铁

直热式电烙铁又可以分为内热式电烙铁和外热式电烙铁两种。

（1）内热式电烙铁。内热式电烙铁是手工焊接过程中最常用的焊接工具，如图 3-2 所示。内热式电烙铁由烙铁芯、烙铁头、连接杆、手柄、接线柱和电源线等部分组成。内热式电烙铁的烙铁芯安装在烙铁头的里面，因而其热效率高（高达 80%~90%）。与外热式电烙铁比，内热式电烙铁的优点是烙铁头升温快，通电 2 min 后即可使用；相同功率时的温度高，体积小，质量轻，耗电低，热效率高。

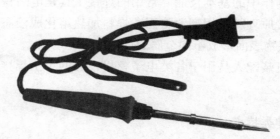

图 3-2　内热式电烙铁

（2）外热式电烙铁。图 3-3 所示为外热式电烙铁实物外形。可以看到，外热式电烙铁由烙铁头、烙铁芯、连接杆、手柄、电源线、插头及紧固螺丝等部分组成，但烙铁头和烙铁芯的结构与内热式电烙铁不同。外热式电烙铁的烙铁头安装在烙铁芯的里面，即产生热能的烙铁芯在烙铁头外面。

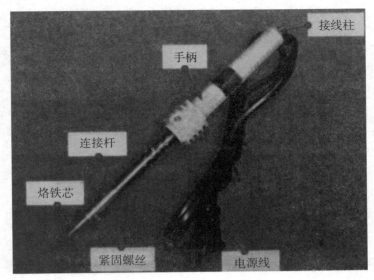

图 3-3　外热式电烙铁

2．恒温电烙铁

　　恒温电烙铁的烙铁头温度可以控制，烙铁头可以始终保持在某一设定的温度。根据控制方式的不同，恒温电烙铁可分为电控恒温电烙铁和磁控恒温电烙铁两种。恒温电烙铁采用断续加热方式，耗电慢，升温速度快，在焊接过程中焊锡不易氧化，可减少虚焊，提高焊接质量，烙铁头也不会产生过热现象，使用寿命较长。恒温电烙铁如图 3-4 所示。

图 3-4　恒温电烙铁

3．吸锡电烙铁

　　吸锡电烙铁又称吸锡器，主要用于在取下元器件后吸去焊盘上多余的焊锡。与普通电烙铁相比，其烙铁头是空心的，而且多了一个吸锡装置，如图 3-5 所示。

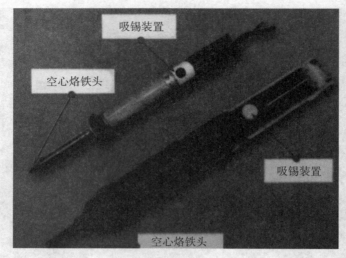

图 3-5 吸锡电烙铁

3.1.2 电烙铁的使用

1. 使用方法

每次焊接前，先用清洁的、挤干水分的湿海绵或湿布将烙铁头清理干净；焊接过程中，先清洁烙铁头的旧锡，再按照焊接步骤进行焊接；焊接结束后，先切断电源，让烙铁头温度稍微降低后再镀上一层新锡，镀锡层有更好的防氧化作用。

一般地，电烙铁通电 2 min 后即可达到焊接温度因而可立即使用。长时间不用时，电烙铁应断开电源。

使用过程中和使用后经常保持烙铁头头部挂锡，以降低烙铁头氧化机会，使烙铁头耐用。

焊接时，切勿施加过大的压力，否则会使烙铁头受损或变形。只要烙铁头充分接触焊点，热量就可以传递。

烙铁头接触焊点的温度与面积有直接的关系。每个使用者不可能拥有多种电烙铁，但使用时烙铁头的位置可自由掌握。正常使用时，将烙铁头顶端接触焊件与焊盘，接触面积小，温度稍低；要想提高焊接温度，可适当改变烙铁头位置，使烙铁头接触焊件与焊盘的面积增大即可；某些电路中，焊盘与焊件不相匹配，焊接时通过适当调节烙铁头的角度，使它们受热均匀，以便焊接。

2. 操作方法

进行焊接操作时，电烙铁的握法有多种：正握法、反握法、笔握法等。无论采用何种握法，一定要注意电源导线的来向。电源导线要从手背或手臂方向引过来，不能将导线置于烙铁头方向，以防烫伤导线，出现危险。使用过程中，不能随意放置电烙铁，要置于合适的烙铁架上，以免烙铁头受到碰撞而损坏；同时，还要注意轻拿轻放；电烙铁不能靠近易燃、易爆物体，避免烫伤、烫坏物品，引起火灾。电烙铁使用完毕，要及时切断电源，这样有利于延长电烙铁的使用寿命，防止烙铁头氧化。

3. 注意事项

初次使用电烙铁的工作者，常犯一些错误。例如：不管是否立即使用电烙铁，总是先将电烙铁插上电源通电，使电烙铁处于工作状态，等到要用电烙铁时，发现电烙铁温度过高或烙铁头氧化严重，使用困难；有的使用者在焊接时，不管烙铁头的情况，以为只要电烙铁有热量就可以焊接元器件，在氧化层较厚或有污物的情况下长时间焊接，不仅焊接质量差，还会导致电路板上的焊盘脱落或元器件焊坏。这充分说明，在使用电烙铁时应注重使用技巧。

3.1.3 热风焊机

1. 热风焊机的功能介绍

众所周知，现如今焊接技术已经渗透到工业领域的各个零部件的加工、生活用品的生产。由于加热方式不同，焊接工具可分为很多种。热风焊机具有使用方便、操作简单等特点。其工作原理是利用焊枪的加热器将压缩空气（或惰性气体）加热到焊接所需的温度，然后用这种经过预热的气体加热焊件和焊条，使之达到熔融状态，从而在较小的压力下使焊件熔合。常见的热风焊机如图 3-6 所示。

2. 热风焊机的使用方法

新手使用热风焊机时，一般使用温度不要超过380 ℃，风速控制在 4 ~ 5 挡。熟练后再慢慢调整到合适的温度和风速。

当进行拆焊时，热风焊机的出风口垂直对准元器件，这样才安全，否则会将芯片周围的小元器件（如电容、电阻等）吹飞。也不要距离太近，否则 PCB 板会被吹坏。

在操作时，热风焊机要沿着一个方向匀速垂直旋转去吹，使芯片均匀受热，保证芯片、锡点同时熔化。

在操作时，手一定要稳，这就需要操作者多多练习。

图 3-6 热风焊机

3.1.4 吸锡器

1. 吸锡器的功能特点

吸锡器是一种修理电器元器件的工具，用来收集拆卸电子元器件焊盘熔化的焊锡。吸锡器有手动和电动两种。简单的吸锡器是手动式的，且大部分是塑料制品，它的头部由于常常接触高温，因此通常采用耐高温塑料制成。电动真空吸锡器具有吸力强、能连续吸锡等特点，且操作方便，工作效率高。工作时，加热器使吸锡头的温度达 350 ℃。当焊锡熔化后，扣动扳机，真空枪产生负气压将焊锡瞬间吸入容锡室。因此，吸锡头的温度和吸力是影响吸锡效果的两个因素。

2．电动真空吸锡器的使用方法

电动真空吸锡器主要由真空泵、加热器、吸锡头及容锡室组成，是集电动、电热吸锡于一体的新型除锡工具。

要确保吸锡器的活塞密封良好。通电前，用手指堵住吸锡器器头的小孔，按下按钮，如活塞不易弹出到位，说明密封性良好。

吸锡器头的孔径有不同尺寸，要选择合适的规格使用。

吸锡器头用旧后，要适时更换新的。

接触焊点之前，每次都蘸一点松香，以改善焊锡的流动性。

头部接触焊点的时间稍长些，当焊锡熔化后，以焊点针脚为中心，手向外按顺时针方向画一个圆圈之后，再按动吸锡器按钮。

电动真空吸锡器如图 3-7 所示。

3．手动吸锡器的使用方法

先把吸锡器的活塞向下压至卡住。

用电烙铁加热焊点至焊料熔化。

移开电烙铁的同时，迅速把吸锡器咀贴上焊点，并按动吸锡器按钮。

一次吸不干净，可重复操作多次。

手动吸锡器如图 3-8 所示。

图 3-7　电动真空吸锡器

图 3-8　手动吸锡器

3.2　焊接的基本知识

3.2.1　焊料与助焊剂

1．焊料

（1）管状焊锡丝。管状焊锡丝是由助焊剂与焊锡做成管状焊接材料。焊锡管中夹带固体助焊剂。助焊剂一般选用特级松香为基质材料，并添加一定的活化剂。管状焊锡丝一般适用于手工焊接。管状焊锡丝的直径有 0.5 mm、0.8 mm、1.2 mm、1.5 mm、2.0 mm、2.3 mm、2.5 mm、4.0 mm、5.0 mm。

（2）抗氧化焊锡。抗氧化焊锡中含有少量的活性金属，它容易被氧化从而在焊锡表面形成致密的金属氧化物覆盖层，保护焊锡不被继续氧化。这类焊锡适用于浸焊和波峰焊。

（3）含银焊锡。在锡铅焊料中加入 0.5%~2.0% 的银，可减少镀银件中银在焊料中的熔解量，并可降低焊料的熔点。

（4）焊膏。焊膏是表面安装技术中一种重要的粘贴材料，是由焊粉、有机物和熔剂制成的糊状物，能方便地用丝网、模板或点膏机印涂在印制电路板上。焊粉是用于焊接的金属粉末，其粒径为 15 ~ 20 μm，目前已有 Sn-Pb，Sn-Pb-Ag，Sn-Pb-In 等。有机物包括树脂或一些树脂溶剂混合物，用来调节和控制焊膏的黏性。使用的溶剂有触变胶、润滑剂、金属清洗剂。

2．助焊剂

助焊剂主要用在锡铅焊接中，有助于清洁被焊接面，防止氧化，增加焊料的流动性，使焊点易于成形，提高焊接质量。

（1）助焊剂的分类。常用的助焊剂分为无机助焊剂、有机助焊剂和树脂助焊剂三大类。

（2）使用助焊剂应注意的问题。常用的松香助焊剂在超过 60 ℃时，绝缘性能会下降，焊接后的残渣对发热元器件有较大的危害，所以要在焊接后清除助焊剂残留物。另外，存放时间过长的助焊剂不宜使用，因为助焊剂存放时间过长时，助焊剂的成分会发生变化，活性变差，影响焊接质量。

3．焊接温度与保温时间

焊接是使金属连接的一种方法，在两种金属的接触面，利用加热手段，使焊接材料通过原子或分子的相互扩散作用永久地牢固结合。一般地，焊接温度选择 300 ~ 400 ℃，保温时间在 2 ~ 5 s，以不伤及元器件特性为原则。

4．焊接加热工具

常用手工焊接工具有电烙铁（外热式、内热式、恒温式、吸锡式、半自动式）、镊子、剪刀等。

3.2.2　手工焊接技术

1．焊接步骤

电烙铁的温度和焊接时间与元器件类型和接触面积有关，一般选择温度为 300 ~ 400 ℃，时间为 2 ~ 5 s。同时选择恰当的烙铁头和焊点的接触位置，才可能得到良好的焊点。正确的手工焊接操作可以分成五个步骤，如图 3-9 所示。

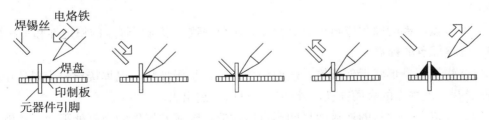

图 3-9　焊接五步法

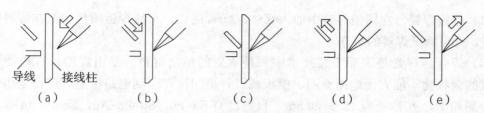

导线　接线柱

(a)　　　　　(b)　　　　　(c)　　　　　(d)　　　　　(e)

图 3-9　焊接五步法（续）
(a) 步骤一；(b) 步骤二；(c) 步骤三；(d) 步骤四；(e) 步骤五

步骤一：准备施焊 [图 3-9（a）]。

左手拿焊丝，右手握电烙铁，进入备焊状态。要求烙铁头保持干净，无焊渣等氧化物，并在表面镀有一层焊锡。

步骤二：加热焊件 [图 3-9（b）]。

烙铁头靠在两个焊件的连接处，加热整个焊件，时间为 1 ~ 2 s。对于在印制板上焊接元器件来说，要注意使烙铁头同时接触两个焊件。例如，图 3-9（b）中的导线与接线柱、元器件引线与焊盘要同时均匀受热。

五步焊接法

步骤三：送入焊锡丝 [图 3-9（c）]。

焊件的焊接面被加热到一定温度时，焊锡丝从电烙铁对面接触焊件。注意：不要把焊锡丝送到烙铁头上。

步骤四：移开焊锡丝 [图 3-9（d）]。

当焊锡丝熔化一定量后，立即向左上 45° 方向移开焊锡丝。

步骤五：移开电烙铁 [图 3-9（e）]。

焊锡浸润焊盘和焊件的施焊部位以后，向右上 45° 方向移开电烙铁，结束焊接。

从步骤三开始到步骤五结束，时间也是 1~2 s。

2. 焊点的质量要求

（1）接触良好。焊点必须具有良好的导电性，以确保电子设备的正常运行。

（2）机械性能良好。焊点应具有足够的机械强度，以承受电子设备在使用过程中的振动和冲击等力学载荷。

（3）美观。焊点应外观光泽、均匀，无虚焊、修焊等缺陷，以提高电子设备的外观质量和可靠性。

（4）焊点不宜过大。焊点的大小应适中，不应过大，以免影响电子设备的正常运行和可靠性。

（5）焊点底部的面积应与板子上的焊盘面积一致，以确保焊点的稳定性和可靠性。

3. 合格焊点的标准

（1）焊接标准形状近似圆锥，表面稍微凹陷，呈漫坡状，以焊接导线为对称中心，呈裙形展开。虚焊点的表面往往向外凸出，可以鉴别出来。

（2）焊点上，焊料的连接面呈凹形自然过渡，焊锡和焊件的交界处平滑，接触角尽可能小。

（3）表面平滑，有金属光泽。

（4）无裂纹、针孔、夹渣。

焊点质量如图3-10所示。

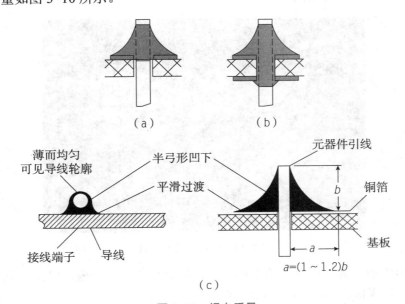

图 3-10　焊点质量

（a）单面板；（b）双面板；（c）焊点外观及结构

4. 焊接元器件的类型

（1）焊接直插式元器件（图3-11）。

图 3-11　焊接直插式元器件

①预热：将烙铁头与元器件引脚、焊盘接触，同时预热焊盘与元器件引脚，而不是仅仅预热元器件。

②加焊锡丝：将焊锡丝加焊盘上（而不是仅仅加在元器件引脚上），待焊盘温度上升到使焊锡丝熔化的温度，焊锡丝就自动熔化。

③撤离焊锡丝：加适量的焊锡，然后拿开焊锡丝。

④停止加热：拿开焊锡丝后，不要立即拿走电烙铁，继续加热使焊锡完成润湿和扩

散两个过程，直到焊点最明亮时再拿开电烙铁。

⑤冷却：在冷却过程中不要移动 PCB 板。

（2）焊接贴片元器件（图 3-12）。

图 3-12　焊接贴片元器件

①在焊接之前，先在焊盘上涂上助焊剂，用电烙铁处理一遍，以免焊盘镀锡不良或被氧化导致不便焊接。芯片一般不需处理。

②用镊子小心地将芯片放在 PCB 板上，注意不要损坏引脚。使其与焊盘对齐，要保证芯片的放置方向正确。把电烙铁的温度调到 300 ℃，将烙铁头尖沾上少量的焊锡，用工具向下按住已对准位置的芯片，在两个对角位置的引脚上加少量的焊锡，仍然向下按住芯片，焊接两个对角位置上的引脚，使芯片固定而不能移动。在焊完两个对角引脚后，重新检查芯片的位置是否对准。如有必要可进行调整或拆除，并重新在 PCB 板上对准位置。

③开始焊接所有的引脚时，应在烙铁头尖上加上焊锡，将所有引脚涂上焊锡使引脚保持湿润。用烙铁头尖接触芯片每个引脚的末端，直到看见焊锡流入引脚。在焊接时，要保持烙铁头尖与被焊引脚并行，防止焊锡过量发生搭接。

④焊接完所有的引脚后，用助焊剂浸湿所有引脚以便清洗焊锡。在需要的地方吸掉多余的焊锡，以消除任何可能的短路和搭接。最后用镊子检查是否有虚焊。检查完成后，从电路板上清除助焊剂，将硬毛刷浸上酒精沿引脚方向仔细擦拭，直到助焊剂消失为止。

思考与习题

1. 根据加热方式不同，电烙铁分为哪几种？
2. 烙铁头都有哪些种类？
3. 简述电烙铁的使用方法。
4. 简述电动真空吸锡器的使用方法。
5. 简述手工焊接的操作步骤。

中篇 电子产品
制作实操篇

项目4　电子产品制作工艺

学习目标

1．知识目标

（1）熟悉电子产品制作的常用工器具及其使用方法、注意事项；

（2）熟悉电子产品常用导线的类型及特点；

（3）熟悉电路图识读的基本知识；

（4）熟悉常用导线的加工流程及工艺要求；

（5）熟悉元器件引线预加工及成形的要求及方法。

2．能力目标

（1）在电子产品制作过程中正确使用各类工器具；

（2）正确识读电路方框图、原理图、印制电路板（Printed Circuit Board，PCB）图；

（3）熟练使用工器具完成常用导线的加工过程；

（4）熟练使用工器具完成元器件引线的预加工、手工成形过程。

3．素质目标

（1）养成严谨认真的工作作风；

（2）增强安全第一的工作意识；

（3）培养精益求精的工匠精神。

4.1　电子产品制作工艺基础知识

4.1.1　电子产品制作常用的工器具

在制作电子产品时，通常需要工具（设备）配合完成加工。少量电子产品的导线及元器件加工通常采用手工工具完成，而批量电子产品的生产则需要专用机器设备完成。

1．常用手工加工工具

（1）斜口钳。斜口钳又名"斜嘴钳"，其外形如图4-1所示，在电子产品制作过程中主要用于剪切导线及元器件多余的引线，还常用来代替一般剪刀剪切绝缘套管、尼龙扎线卡等。

斜口钳不可以用来剪切钢丝、钢丝绳以及过粗的铜导线和铁丝，否则容易导致钳子崩牙和损坏。使用时，应注意将钳口朝向内侧，便于控制钳切部位，用小指伸在两钳柄中间来抵住钳柄，张开钳头，这样分开钳柄灵活。剪线操作时，双目不能直视被剪物，如果被剪物不易弯动时，可用另一只手遮挡飞出的线头，防止剪下的线头飞出伤及人眼。

（2）尖嘴钳。尖嘴钳又称修口钳、尖头钳，它能在较狭小的工作空间操作，是电子产品装配及修理工作常用的工具之一。尖嘴钳如图 4-2 所示，由尖头、刀口和钳柄组成，钳柄上套有额定电压的绝缘套管，主要用来剪切直径较小的单股线与多股线、将元器件引线校直成形、给单股线接头弯圈、剥除塑料绝缘层等。

需特别注意，严禁使用塑料绝缘柄破损的尖嘴钳在非安全电压下操作。不用尖嘴钳时，表面应涂上润滑防锈油，以免生锈或者支点发涩。

（3）剥线钳。剥线钳也是电子产品制作时最常用的工具之一，用来剥除绝缘导线头部的表面绝缘层。剥线钳如图 4-3 所示，它由钳头、刀口和钳柄组成，钳柄上套有额定工作电压的绝缘套管。剥线钳的钳头处有多个不同直径的剥头口，它的使用要点是要根据导线直径选用合适的剥线钳孔径，在剥掉导线绝缘层的同时不损伤芯线。

剥线操作时，首先要根据导线的直径型号选择相应的剥线刀口；其次，将待剥导线放在刀刃中间，调整好要剥线的长度，然后握住剥线钳的手柄将导线夹住，缓缓用力使绝缘外表皮慢慢剥落；最后松开剥线钳手柄取出导线，此时导线的芯线无损伤，金属整齐露在外面，其余绝缘塑料完好无损，完成剥线操作。

图 4-1　斜口钳　　　　　图 4-2　尖嘴钳　　　　　图 4-3　剥线钳

（4）压线钳。压线钳是对导线进行压接操作的专用工具，钳口可根据不同的压接要求将导线端头制成各种形状。普通压线钳如图 4-4（a）所示，网线压线钳如图 4-4（b）所示。

在使用压线钳时，首先应检视被压端子与导线规格是否匹配，再将待压接导线插入焊片槽并放入钳口，用力合拢钳柄压紧接点即实现压接。

（a）　　　　　　　　　　　　　　　（b）

图 4-4　压线钳
（a）普通压线钳；（b）网线压线钳

（5）镊子。镊子在导线加工及元器件引线成形中主要用于夹持细小的导线或元器件，防止其移动，与其他工具配合使用，方便其他操作。不锈钢镊子如图 4-5（a）所示，有直头、平头、弯头等不同的形状及不同的尺寸。在使用时，应根据导线粗细、元器件大小、制作空间大小的不同选择不同形状、不同尺寸的镊子。

注意，在特殊使用场合应需选用特殊材质的镊子。如图 4-5（b）所示，防静电镊子由特殊导电塑胶材料制成，主要用于精密电子元器件的生产加工或对静电敏感的元器件的加工和安装。

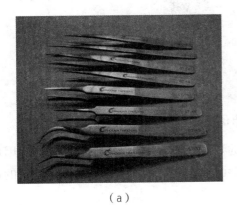

（a）　　　　　　　　　　　　　　　　（b）

图 4-5　镊子

（a）不锈钢镊子；（b）防静电镊子

（6）绕接器。绕接器是对导线进行绕接操作的专用工具，可分为电动和手动两种。进行导线绕接时，需根据导线的直径、接线柱的对角尺寸及绕接要求选择适当规格的绕接头。

电动绕接器又称电动绕线枪，其外形如图 4-6 所示。使用电动绕接器时，将去掉绝缘层的单股芯线端头或裸导线插入绕接头，将绕接器对准带有棱角的接线柱，扣动绕线器扳手，导线受到拉力后按照规定的圈数紧密缠绕在有棱角的接线柱上，形成具有可靠电气性能和力学性能的连接。

在使用电动绕接器时需注意，接入电源后应先使绕线枪空转，如果试转无异声方可正常使用。绕头绕套长期不使用时，应加油保存，再次使用时，须将保护油清除干净。

（7）电烙铁。电烙铁如图 4-7 所示，是电子制作和电器维修的必备工具，主要用途是焊接元器件及导线，其按机械结构可分为内热式电烙铁和外热式电烙铁。使用电烙铁时，通常用焊锡丝作为焊料，焊锡丝内一般含有助焊剂松香。

图 4-6　电动绕接器

对导线进行加工时，将导线端头的绝缘层去除后，应立即使用电烙铁对金属导线进行搪锡处理，避免芯线金属氧化。

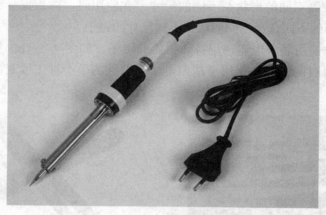

图 4-7　电烙铁

（8）成形模具。成形模具是指依据实物的形状和结构按比例制成的模具，用压制或浇灌的方法使材料成为一定形状的工具，在元器件引线成形时需用到不同形状的成形模具。

常用的元器件成形模具有如图 4-8（a）所示的自动组装成形模具、如图 4-8（b）所示的固体成形模具以及如图 4-8（c）所示的卧式成形模具。

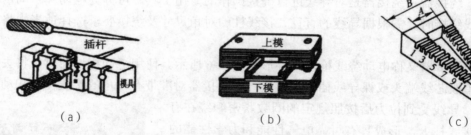

（a）　　　　　　　　　　　　（b）　　　　　　　　　　　　（c）

图 4-8　元器件成形模具

（a）自动组装成形模具；（b）固体成形模具；（c）卧式成形模具

2. 批量生产专用设备

（1）导线加工专用生产设备。在批量加工制作电子产品导线时，还会用到剪线机、剥头机、导线切剥机、捻线机、打号机和套管剪切机等专用机器设备来代替大部分手工加工工作。

随着人工智能的不断发展，电子产品导线加工专用机器设备也朝着全自动、多功能、一体化、高效率的方向发展。如图 4-9 所示的裁线、剥皮、扭线一体机，通过微电脑控制、按键操作，可实现两条导线同时裁线、剥线、扭皮，操作灵活方便，可提高工作效率和质量。

图 4-9　裁线、剥皮、扭线一体机

（2）元器件引线成形专用设备。元器件引线成形专用设备是一种能将元器件的引线按照规定要求自动快速地制成一定形状的设备。在进行大批量元器件引线成形时，可采用专用设备，以提高加工效率和一致性。常用的专用成形设备有散装电阻成形机、带式电阻成形机、IC 成形机、自动跳线成形机等。图 4-10 所示为全自动散装电阻成形机。

图 4-10　全自动散装电阻成形机

4.1.2　电子产品制作常用的线材

电子产品制作常用的线材可分为电线和电缆两类，根据功能特点又可细分为安装导线、电磁线、带状电缆、屏蔽线、通信电缆、双绞线等。

1．安装导线

在电子产品生产制作过程中常用的安装导线分为裸导线和绝缘导线两种。

（1）裸导线。裸导线是指没有绝缘外皮的金属导线，由于容易引起短路因而其用途有限，在电子产品制作中使用较少。

（2）绝缘导线。绝缘导线是在裸导线的外表面均匀而密封地包裹上一层不导电的材料，如树脂、塑料、硅橡胶、PVC 等，形成绝缘层，防止导电体与外界接触造成漏电、短路等事故发生的电线。

图 4-11 所示为电子产品中常用的塑胶绝缘导线，它由导电的芯线、塑胶绝缘层组成。芯线有软芯线和硬芯线两种；按照芯线数，芯线也可分为单芯线、二芯线、三芯线、四芯线及多芯线。它广泛应用于电子产品各部分、各组件之间的连接。

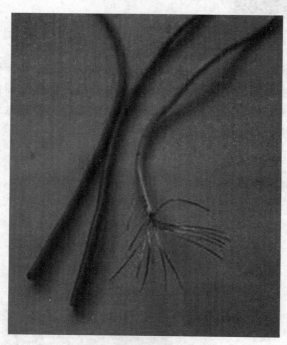

图 4-11　塑胶绝缘导线

2．电磁线

电磁线又称绕组线，是指将涂漆或包缠纤维作为绝缘层的电线。电磁线通常分为漆包线、绕包线、漆包绕包线和无机绝缘线，以图 4-12（a）所示的漆包线为主。

电磁线广泛用于绕制各类电工、电子产品中的电感类线圈及绕组。图 4-12（b）所示为由漆包线绕制的电感线圈，该类线圈在与外电路进行电气连接时，需要通过锡液热熔或者明火燃烧的方法去除线材端头的外层漆皮。

（a）

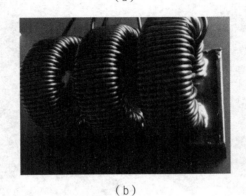

（b）

图 4-12　电磁线
（a）漆包线；（b）电感线圈

3．带状电缆

带状电缆又称排线、扁平电缆，其外形如图 4-13 所示，由多根相互绝缘的导线并排黏合在一起形成了扁形带状结构。

由于它具有易弯曲、不易扭结、走线整齐清晰、连接可靠、布线空间小等优点，被广泛应用在电子计算机及电子仪器中。

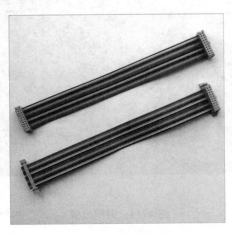

图 4-13　带状电缆

4．屏蔽线

屏蔽线是在塑胶绝缘电线的外面加一层导电的金属网状编织的屏蔽层和外保护套而构成的信号传输线。屏蔽线如图4-14所示，其编织屏蔽层一般是红铜或者镀锡铜材质地，它具有静电（或高电压）屏蔽、电磁屏蔽、磁屏蔽的作用。

使用屏蔽线时，需将金属屏蔽层接地，方能将外来的干扰信号导入大地，以防止导线周围的磁场干扰导线内部信号传输。常用的屏蔽线有单芯线、双芯线、三芯线等几种，主要用于1 MHz以下频率的信号传输。

图4-14　屏蔽线

5．通信电缆

通信电缆又可以分为电信电缆、高频电缆。电信电缆如图4-15（a）所示，一般是成对的对称多芯电缆，通常用于几十万赫兹以下频率的信号传输。射频同轴电缆又称高频同轴电缆，如图4-15（b）所示，主要用于传输高频信号。

（a）

图4-15　通信电缆
（a）电信电缆

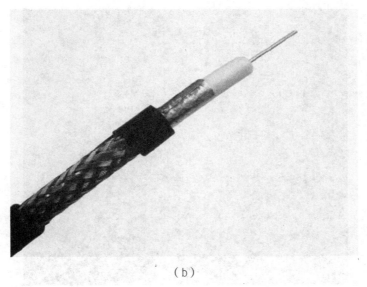

（b）

图 4-15 通信电缆（续）
（b）射频同轴电缆

6．双绞线

双绞线是指由两条相互绝缘的导线，按照一定规则互相缠绕在一起而支撑的一种通信传输介质。两根绝缘导线绞在一起，其传输过程中辐射的电磁波会相互抵消，一定程度上增强了抗干扰能力。图 4-16（a）所示的超五类双绞线一般通过如图 4-16（b）所示的 RJ-45 网线连接口（俗称水晶头）将各种网络设备连接在一起。

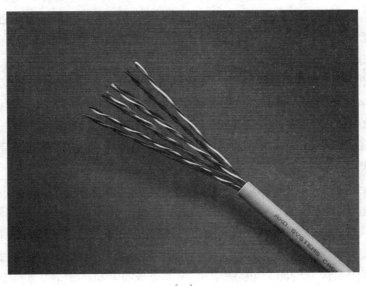

（a）

图 4-16 双绞线
（a）超五类双绞线

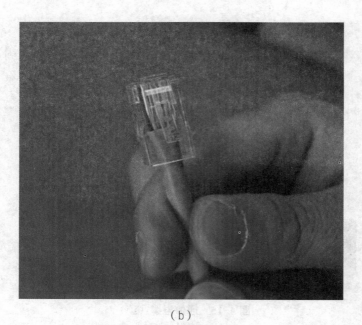

（b）

图 4-16　双绞线（续）
（b）RJ-45 网线连接口

4.1.3　电子产品电路图的识读

电路图是详细说明电子产品各元器件、各单元电路的工作原理及其相互间连接关系的简图，也是设计和研究产品的原始资料。在进行电子产品的安装、调试、维护等工作时，通过识读电路图，可以了解电子产品的结构和工作原理，能够快速进行电子产品的组装、故障判断和维修。

1．电路原理图

电路原理图一般由电子产品生产厂家提供，它是电子产品设计、安装、测试、维修的根本依据，详细介绍电子产品的元器件构成、元器件型号及名称、各元器件之间连接关系等。原理图中的连接线代表实际元器件之间的连接关系。识读原理图时，从信号输入端开始按照信号流程逐一单元识读，直到信号输出端。通过原理图识读可了解电路的构成、连接，从而分析该电子产品的工作原理。

某校"电子产品制作与调试"实训课程在进行"收音机制作及调试"项目实训时，采用的是恒兴电子厂生产的恒兴牌 S66 型收音机实验套件，其电路原理图如图 4-17 所示。图中各元器件的图形符号与实际外形不一定相同，但可以表示元器件的主要特点，且引脚数目与实际元器件均保持一致。在开展"收音机制作及调试"项目实训时，学生们通过对该原理图及配套的印制电路板图的识读完成收音机的组装、调试工作。

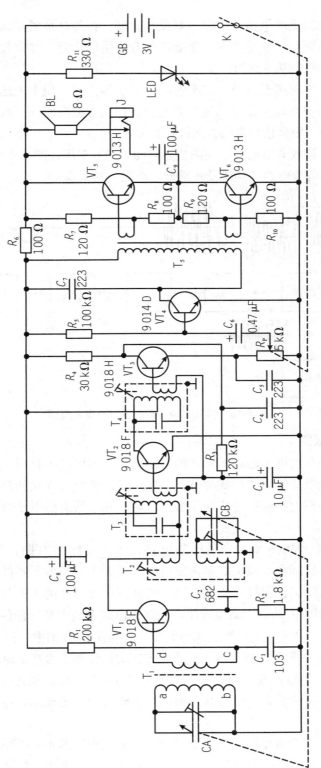

图 4-17 恒兴牌 S66 型收音机电路原理图

2. 方框图

电子产品厂家提供的电路原理图一般没有方框，各部分是紧密地连接在一起的。而用户读图的第一步则是要化整为零，明确各部分电路的功能，建立起方框的概念，这样就掌握了被分析电路的基本结构。

方框图一般由方框图形符号、箭头连线、文字等构成，用于表达电子产品的构成模块、各模块之间的关系以及信号的流程顺序。在识读方框图时，一般遵循"从上到下、从左到右"的顺序，根据信号流的方向进行识读。

由恒兴牌 S66 型收音机电路原理图建立起的原理方框图如图 4-18 所示，该方框图清晰表达了收音机各部分电路的功能及各部分电路之间的关系。

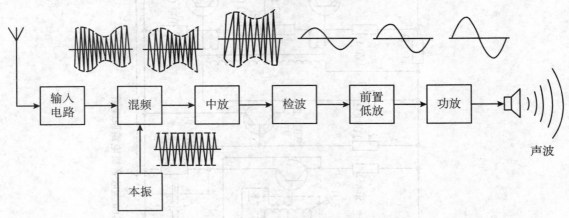

图 4-18 恒兴牌 S66 型收音机原理方框图

3. 印制电路板图

印制电路板是采用电子印刷术制作的电路板，又称印刷电路板、印刷线路板，是重要的电子部件，是电子元器件的支撑体，是电子元器件电气连接的提供者。随着电子技术的快速发展，印制电路板广泛应用于各个领域，几乎所有的电子设备中都包含相应的印制电路板。

图 4-19 为恒兴牌 S66 型收音机印制电路板图（简称 PCB 图、印制板图）。它用来表示各元器件在实际电路板上的具体方位、尺寸大小以及各元器件之间的实际连接走线。由于电子产品的工艺和技术要求不同，PCB 图中元器件的排列与电路原理图完全不同。在识读 PCB 图时需结合电路原理图，先找出电路中的大型元器件、关键元器件（如三极管、集成电路、开关、变压器、扬声器等）及其在 PCB 图中的位置；再找出 PCB 图中的接地端（通常大面积铜箔或其四周靠边缘位置的长线铜箔为其接地端）、主要电源端；最后找出 PCB 图中的输入端、输出端，以输入端为起点、输出端为终点，结合大型元器件和关键元器件的位置关系，以及其与输入端、输出端、接地端、电源端的连接关系，逐步识读 PCB 图。

图 4-20 为恒兴牌 S66 型收音机 PCB 实物图，它是根据图 4-19 所示的 PCB 图的设计，经工厂印制出来的。实物印制板及板上各个元器件预留的大小、尺寸均与设计相同，在

组装收音机时直接将各个元器件焊在印制电路板上即可。

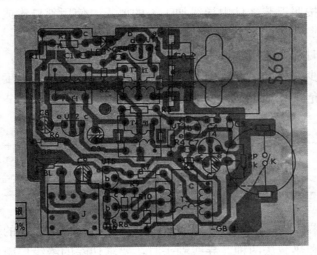

图 4-19　恒兴牌 S66 型收音机 PCB 图

图 4-20　恒兴牌 S66 型收音机 PCB 实物图

4.2　导线的加工制作

在电子产品准备装配的工艺阶段，必须对其所使用的线材进行加工。导线加工工艺主要包含绝缘导线的加工工艺和屏蔽导线端头的加工工艺。

4.2.1　绝缘导线的加工

绝缘导线的加工，可分为剪裁、剥头、清洁、捻头（多股线）、搪锡和印标记等几个工序。

1. 剪裁

导线的剪裁即按照工艺文件中导线加工表的要求，使用斜口钳或剪线机对导线进行剪切。

剪切绝缘导线时，要先用手或者工具将其尽量拉直然后再剪切，剪切时按照"先长后短"的原则，减少线材的浪费，剪切刀口要整齐。剪切导线的长度允许出现表4-1要求的正误差，但不允许出现负误差。

表4-1 剪切导线的长度与公差要求关系表

导线长度/mm	50	50～100	100～200	200～500	500～1 000	1 000以上
公差/mm	3	5	+5～+10	+10～+15	+15～+20	30

2. 剥头

将绝缘导线的两端去掉一段绝缘层而露出芯线的过程称为导线的剥头。常用的导线剥头方法有刀截法和热截法两种。导线剥头时，要求切除的绝缘层断口要整齐，不得损伤芯线，多股芯线应尽量避免出现断股。剥头长度应按照导线加工的工艺文件的要求进行，在没有明确要求时要根据表4-2及表4-3要求的芯线截面积、连接方式等来确定剥头长度及调整范围。

表4-2 剥头长度与芯线截面积关系表

芯线截面积/mm²	≤1	1.1～2.5
剥头长度/mm	8～10	10～14

表4-3 剥头长度与芯线连接方式关系表

剥头长度	连接方式		
	搭焊	勾焊	绕焊
基本尺寸/mm	3	6	15
调整范围/mm	0～+2	0～+4	−5～+5

刀截法是指使用专用剥线钳或自动剥线机进行导线剥头，手工操作时也可以采用剪刀、电工刀或者斜口钳等。刀截法的优点是简单、易操作，缺点是容易损伤芯线，因此使用剥线钳剥头时需选择适合的剥线口，且单股导线剥头不宜采用刀截法。

热截法是指使用热控剥皮器进行导线剥头。导线热剥器如图4-21所示，使用时将剥皮器预热一段时间，待电阻丝呈暗红色时便可进行截切。为了使切口平齐，应在截切时同时转动导线，待四周绝缘层均被切断后用手边转动边向外拉，即可剥出端头。热截法的优点是操作简单且不损伤芯线，缺点是加热绝缘层时会产生有毒气体，因此使用该方法时要注意通风。

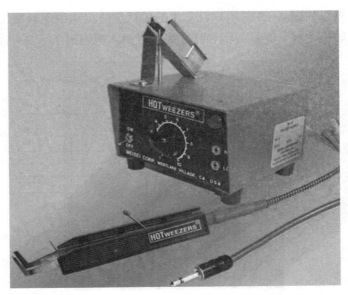

图 4-21　导线热剥器

3．清洁

绝缘导线在空气中长时间放置后，导线端头容易被氧化，有些芯线上有油漆层，故在对导线端头进行搪锡前需进行清洁处理，以除去芯线表面的氧化层和油漆层，提高导线端头的可焊性。

清洁处理导线端头时，可通过刀刮或砂纸打磨的方式，但操作时需要注意力度，避免损伤芯线。

4．捻头

多股导线经过剥头、清洁等工序后芯线容易散开，因此需要进行捻头处理。少量芯线捻头可通过手工进行，大批量生产时可使用捻头机进行捻头。

多股导线手工捻头时应按照原来合股方向扭紧，捻线角度一般在 30°～45°，如图 4-22 所示。捻头时用力不得过大，防止把芯线捻断。

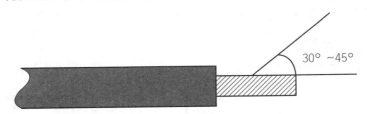

图 4-22　多股芯线捻线角度

5．搪锡

搪锡又称上锡，经过剥头、捻头操作的导线应立即进行搪锡处理，以防止端头氧化。一般少量的手工搪锡通常借助电烙铁或搪锡锅，大批量导线搪锡可采用搪锡机。

采用电烙铁进行手工搪锡的方法是将已经加热的烙铁头带动熔化的焊锡，在已捻好头的导线端头上，顺着捻头方向移动，完成导线端头搪锡。

搪锡锅手工搪锡如图 4-23 所示。首先将搪锡锅加热至锅中焊料熔化，其次将导线端头蘸上助焊剂（如松香水）；最后将导线端头垂直插入搪锡锅 1～3 s 后即可取出。

图 4-23　搪锡锅手工搪锡

6．印标记

复杂的电子产品中使用很多根导线，此时仅依靠塑胶线的颜色已不能区分清楚，为了便于安装、调试、维修，需要对导线进行印标记处理。印标记的常用方法有在导线两端印字标记、染色环标记、将印有标记的套管套在导线上等。

4.2.2　屏蔽导线端头的加工

屏蔽导线及同轴电缆的结构要比普通绝缘导线复杂，故对其进行端线加工时，需增加金属屏蔽层及外保护套的处理工序。屏蔽导线端头的加工处理过程一般包括不接地线端的加工、接地线端的加工和导线的端头绑扎处理等。

1．不接地线端的加工

（1）加工要求。屏蔽导线或同轴电缆端头的加工工艺要求如图 4-24 所示，处理时应注意去除的屏蔽层不宜太多，否则会影响屏蔽效果。

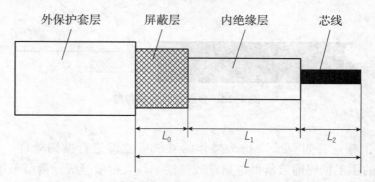

图 4-24　屏蔽导线或同轴电缆端头的加工工艺要求

在图 4-24 中，内绝缘层去除长度 L_2（芯线端到内绝缘层端的距离）与普通导线的剥头长度要求一致，可根据表 4-2 及表 4-3 共同确定。

屏蔽层去除长度等于图中的 L_1 加上 L_2。其中，内绝缘层端到屏蔽层端的距离 L_1 应根据导线的工作电压而定，具体要求见表 4-4。

外保护套去除长度 L 应根据工艺文件要求确定，或者确定了屏蔽层去除长度后，通过公式 $L=L_1+L_2+L_0$ 计算出来，其中 L_0 为屏蔽层端头到外保护套层端头之间的距离，一般可取 $1 \sim 2$ mm。

表 4-4　内绝缘层去除长度与工作电压关系表

工作电压等级 /V	<500	500 ～ 3 000	>3 000
L_1/mm	10 ～ 20	20 ～ 30	30 ～ 40

（2）加工步骤。由于对屏蔽导线的质地和设计要求不同，导线端头的加工方法也不同。屏蔽导线或同轴电缆不接地端头加工的主要方法如下。

首先，用热截法或刀截法去除最外层的保护套；其次，去除屏蔽层并进行修整，左手拿住外保护套，右手手指向左推屏蔽层，使屏蔽层鼓起后剪断松散的屏蔽层，并将剩下的屏蔽层向外翻套在外保护套外面，使端面平整；然后，给修整后的屏蔽层套上热缩管并加热，使套管将外翻的屏蔽层与外保护套套牢；最后，按照普通绝缘导线的加工方法去除内绝缘层，并给芯线进行搪锡操作。

2. 直接接地线端的加工

屏蔽导线或同轴电缆直接接地端头的加工要求与不接地端相同，但加工方法不同。

直接接地线端的主要加工方法如下。

首先，仍是去除外保护套，要求及方法与不接地端线外保护套的去除方法相同；其次，拆散屏蔽层并进行修整，用钟表镊子的尖头将外露的网状或编织状的屏蔽层由最外端开始，逐渐向里挑拆散开，使屏蔽层与内绝缘层分开，接着将分散开的屏蔽层按照焊接要求长度（一般比芯线短）进行剪切；再次，对屏蔽层进行捻头与搪锡操作，将拆散的屏蔽层的金属丝理好后，合在一边并捻在一起，然后进行搪锡处理；然后，按照普通绝缘导线的加工方法去除内绝缘层，并给芯线进行搪锡操作；最后，给端头加上一根套管，以提高绝缘性和便于使用。

加套管的方法有三种：第一种是使用与外径相适配的热缩套管先套已剥出的屏蔽层，然后用较粗的热缩套管将芯线与屏蔽层小套管的根部一起套住，留出芯线和一段小套管及屏蔽层，如图 4-25（a）所示；第二种是在套管上开一个小孔，将套管套在屏蔽层上，芯线从小口穿出来，如图 4-25（b）所示；第三种是采用专用的屏蔽线套管，这种套管一端有一个较粗的管口用来套住整线，另一端有一大、一小两个管口，分别套在屏蔽层和芯线上，如图 4-25（c）所示。

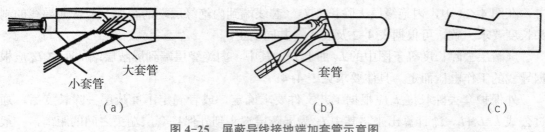

图 4-25 屏蔽导线接地端加套管示意图
（a）两根套管；（b）开孔套管；（c）专用套管

3．屏蔽导线端头的绑扎

在使用多芯屏蔽导线时，需要对其端头进行绑扎。图 4-26 所示为使用棉织线套对多芯电缆的绑扎，绑扎时，从保护套端口沿电缆放长为 15 ～ 20 cm 的腊克棉线，从电缆端口往里紧紧缠绕 4 ～ 8 mm，绑扎完毕后把多余的绑线剪掉。

由于绑扎的棉织线套外端部非常容易松散，最后还需在绑线上涂上清漆胶帮助固定绑扎点。

绝缘导线的加工和
元器件的引线成形

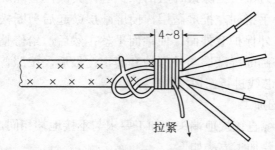

4~8

拉紧

图 4-26 使用棉织线套对多芯电缆的绑扎（单位：mm）

4.3　元器件引线的成形加工

元器件引线成形是针对小型元器件而言的，大型元器件不能单独立放，必须采用支架、卡子等固定在安装位置上。为了使元器件在印制电路板上的装配排列整齐，便于安装和焊接，提高装配质量和效率，增强电子产品的防震性和可靠性，在安装前，应根据安装位置的特点及技术方面的要求，预先把元器件引线弯曲成一定的形状。

4.3.1　元器件引线的预加工

元器件制成后到做成电子产品前，要经过许多中间环节，要保证安装后的印制电路板整齐、美观、稳定，就需要对元器件引线进行预加工处理，以预防元器件引线表面变暗、可焊性变差、焊接质量下降等问题。元器件引线的预加工处理主要包括引脚校直、去氧化层、引线搪锡三个步骤。对元器件引线进行预处理的要求是处理后引线不允许有伤痕，引脚的镀锡层应该为牢固的、厚薄均匀的、薄薄的一层，不能与原来的引脚有太大的尺寸差别，且引线表面应光滑、无毛刺、无锡瘤和焊剂残留物等。

（1）引脚校直。校直是指使用尖嘴钳、镊子等工具对歪曲的元器件引线进行校直处理。

（2）去除氧化层。对元器件引线进行校直处理后，对于一些表面发暗、无光泽的引线，应做好表面清洁工作，一般在距离元器件根部 2 ~ 5 mm 处去除氧化层，如图 4-27 所示。去除氧化层时，可以用刮刀轻轻刮拭或者用细砂纸轻轻擦拭引线表面；对于扁平封装的集成电路引脚，只能用绘图橡皮轻轻擦拭。当引线或引脚表面出现亮光时，说明氧化层已基本去除，再用干净的湿布擦拭干净即可。

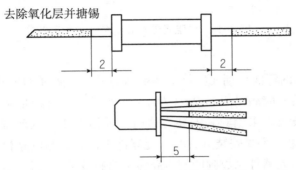

图 4-27　元器件引线去除氧化层并搪锡（单位：mm）

（3）引线搪锡。对元器件引线进行校直和清洁处理后，应立即对引线进行搪锡操作，避免再次氧化。搪锡时，左手拿住元器件转动，右手拿着加热后的电烙铁顺着元器件引线的方向来回移动，完成搪锡处理。搪锡后应立即将引线浸入酒精进行散热处理。

4.3.2　元器件引线成形的要求及方法

1．元器件引线成形的要求

小型元器件可用跨接、立式、卧式等方法进行插装、焊接。元器件引线成形的目的是使元器件能够迅速准确地插入安装孔，并满足印制电路板的安装要求。

为了保证安装质量，要求元器件引线成形后，元器件本体不应产生破裂，外表面不应有损伤，元器件引线不能有裂纹和压痕，引线直径的变形不超过 10%，并要求元器件受振动时不变动安装位置。安装元器件时，相邻元器件之间要留有一定的空隙，不允许有碰撞、短路的现象。同一安装方式下元器件参数标识的方向应保持一致，便于日后的维护和检查。

不同的安装方式，元器件引线成形的形状和尺寸各不相同，其成形尺寸需满足如下基本要求。

（1）手动组装元器件引线成形的要求。小型电阻或外形类似电阻的元器件的手动安装有图 4-28（a）所示的立式安装和图 4-28（b）所示的卧式安装两种方式，不同安装方式下其引线成形的形状和尺寸要求也不同。

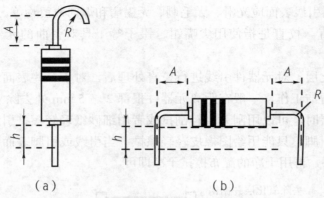

图 4-28　电阻元器件引线成形尺寸要求
（a）立式安装；（b）卧式安装

图中，引线成形的弯曲点到元器件主体端面的最小距离 A 的尺寸应大于等于 2 mm；引线成形的弯曲半径 R 应满足 $R \geqslant 2d$（d 为引线直径），目的是减小引线的机械应力，防止引线折断或被拔出。采用立式安装方式时，元器件主体到印制电路板之间的距离 h 应大于等于 2 mm。采用卧式安装方式时，元器件主体到印制电路板之间的距离 h 应小于 2 mm，也可以直接将元器件贴放到印制电路板上进行安装。

手动组装三极管和圆形外壳集成电路时，其成形方式和尺寸要求如图 4-29 所示。

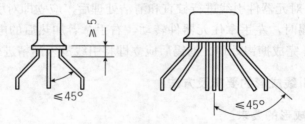

图 4-29　三极管和圆形外壳集成电路的成形方式和尺寸要求（单位：mm）

（2）自动组装元器件引线成形的要求。自动组装时一般元器件引线成形形状如图 4-30 所示，图中 R 为引线成形的弯曲半径，d 为引线直径，要求尺寸满足 $R \geqslant 2d$。

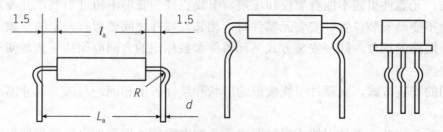

图 4-30　自动组装时一般元器件引线成形形状（单位：mm）

自动组装三极管、集成电路芯片等易受热损坏的元器件时，其引线成形形状如图 4-31 所示，这些元器件成形的引线较长，有环绕，可以帮助散热。

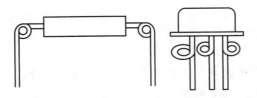

图 4-31 自动组装时易受热元器件的引线成形形状

2.元器件引线成形的方法

元器件引线成形的方法有使用尖嘴钳等普通工具进行手工成形、使用引线成形专用工具进行手工成形和使用专用设备进行自动成形三种方法。对少量元器件引线成形时大多采用普通工具的手工成形与专用工具的手工成形两种方法相结合的方式进行,对大批量元器件引线成形时则采用专用成形设备进行自动引线成形。

一般,在产品试制阶段或维修阶段对少量元器件进行手工成形时,使用如图 4-8 所示的元器件引线成形模具进行,并同时使用尖嘴钳或镊子等普通工具配合完成。图 4-32 所示为使用尖嘴钳对集成电路引线进行成形加工,图 4-33 所示为使用尖嘴钳或镊子对元器件引线进行成形加工。

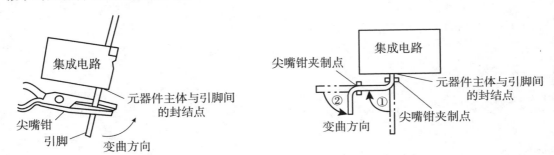

图 4-32 使用尖嘴钳对集成电路引线进行成形加工

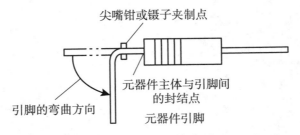

图 4-33 使用尖嘴钳或镊子对元器件引线进行成形加工

没有芯片就没有中国
未来的现代化

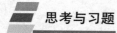

思考与习题

1. 电子产品装配时常用的电路图有哪些，应该如何识读？

2. 绝缘导线的加工工序都有哪些？

3. 为什么要对导线端头进行搪锡操作？

4. 手工搪锡时常用的工器具是什么，应如何操作？

5. 屏蔽导线直接接地端头和不接地端头的加工过程有哪些相同之处与不同之处？

6. 安装元器件时立式安装和卧式安装各有什么优缺点以及如何应用？

7. 元器件引线成形前应作何预处理，目的是什么？

项目 5　电子产品制作与调试实操训练

 学习目标

1. 知识目标

（1）熟悉超外差式调幅收音机的安装与调试；

（2）熟悉水厂直流稳压电源的设计；

（3）熟悉水厂照明灯的安装与调试；

（4）熟悉水厂有害气体检测仪的安装与调试；

（5）熟悉水位检测传感器的安装与调试。

2. 能力目标

（1）熟悉印制电路板焊接技能与技巧；

（2）学会识读电子产品原理图和装配中的各种图表；

（3）掌握电子元器件的识别、检测、加工及安装方法。

3. 素质目标

（1）培养学生认真严谨的学习态度；

（2）培养遵章行事、精益求精的工匠精神；

（3）培养学生电子元器件的检测能力；

（4）培养学生电子产品的调试能力；

（5）培养爱岗敬业的职业精神。

5.1　S66 型超外差式调幅收音机的安装与调试

任务描述

一、概述

S66 型为 3 V 低压六管超外差式调幅收音机，具有安装调试方便、工作稳定、声音洪亮、灵敏度高、选择性好等特点。电路是由输入回路、高放混频级、一级中放、二级中放、检波级、前置低放级和功放级等部分组成，接收频率范围为 535 ～ 1 605 kHz 的中波段。

二、目标

（1）熟悉印制电路板焊接技能与技巧。

（2）学会识读电子产品原理图和装配过程中的各种图表。

（3）掌握电子元器件的识别、检测、加工及安装方法。

（4）掌握 S66 型超外差式收音机的装配与调试方法。

任务实施

一、所需器材

（1）S66 型超外差式调幅收音机套件：1 套。

（2）万用表：1 块。

（3）电烙铁、烙铁架、斜口钳、尖嘴钳、镊子、十字螺丝刀、小刀、砂纸等工具：1 套。

二、识读收音机电路原理图和装配过程中的各种图表

1．电路原理

（1）电路原理图。S66 型超外差式调幅收音机电路原理图如图 5-1 所示。

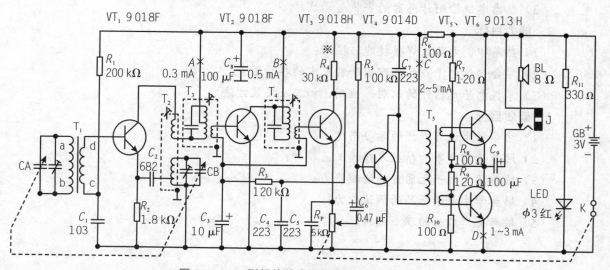

图 5-1　S66 型超外差式调幅收音机电路原理图

（2）电路方框图。电路方框图如图 5-2 所示。

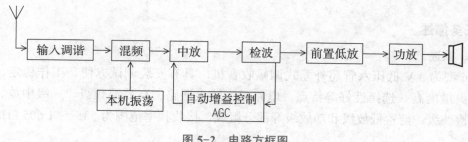

图 5-2　电路方框图

（3）电路原理介绍。

①输入调谐电路：输入调谐电路如图 5-1 所示，由双联可变电容 CA 和高频变压器

T_1 的初级线圈 Lab 组成，是一个典型的 LC 串联谐振电路。T_1 是磁棒线圈，其作用是接收空中的电磁波，将收到的高频信号通过输入调谐电路的谐振选出需要的电台信号送入 VT_1 的基极。VT_1 为变频管，其作用为混频和振荡。改变 CA，可收到不同频率的电台信号。

②变频电路：本机振荡和混频合起来称为变频电路。变频电路如图 5-1 所示，是以 VT_1 为中心的，它的作用是把通过输入调谐电路收到的不同频率电台信号（高频信号）变换成固定的 465 kHz 的中频信号。

如图 5-1 所示，VT_1、T_2、CB 等元器件组成本机振荡电路，任务是产生一个比输入信号频率高 465 kHz 的等幅高频振荡信号。T_2 为本振线圈。

混频电路如图 5-1 所示，由 VT_1、T_3 的初级线圈等组成，是共发射极电路。其工作过程是输入调谐电路接收到的电台信号通过 T_1 的次级线圈送到 VT_1 的基极，本机振荡信号又通过 C_2 送到 VT_1 的发射极，两种频率的信号在 VT_1 中进行混频，由于晶体三极管的非线性作用，混合的结果产生各种频率的信号，其中有一种是本机振荡频率和电台频率的差等于 465 kHz 的信号，这就是中频信号。

混频电路的负载是中频变压器，如图 5-1 所示，T_3 的初级线圈和内部电容组成的并联谐振电路，它的谐振频率是 465 kHz，可以把 465 kHz 的中频信号从多种频率的信号中选择出来，并通过 T_3 的次级线圈耦合到 VT_2 的基极，而其他信号几乎被滤掉。

T_3 为第一中周，其作用有三个：选频、耦合和变换阻抗。

③中频放大电路：如图 5-1 所示，它是主要由 VT_2、VT_3 组成的两级中频放大器。第一级中放电路中 VT_2 的负载是中频变压器 T_4 和内部电容，它们构成并联谐振电路，其作用是进一步放大 465 kHz 中频信号。T_4 为第二中周。

④检波和自动增益控制电路：如图 5-1 所示，中频信号经一级中频放大器充分放大后由 T_4 耦合到检波管 VT_3，VT_3 既起放大作用，又是检波管，以 VT_3 为核心所构成的三极管检波电路，检波效率高，有较强的自动增益控制 AGC 作用。

检波级的主要任务是把中频调幅信号还原成音频信号，如图 5-1 所示，C_4、C_5 起滤去残余的中频成分的作用。

自动增益控制电路（AGC 电路）如图 5-1 所示，控制电压通过 R_3 加到 VT_2 的基极。当信号输入较强时，VT_3 集电极电位下降，VT_2 基极电流减小，从而达到了自动增益控制的目的。

⑤前置低放电路。如图 5-1 所示，VT_4 为收音机的前置低放电路，作用是将检波出来的音频信号电压放大，推动下一级功放电路。耦合方式：输入为电容耦合，输出为变压器耦合。

检波滤波后的音频信号由电位器 R_P 送到前置低放管 VT_4，旋转电位器 R_P 可以改变 VT_4 的基极对地的信号电压的大小，可达到控制音量的目的。

⑥功放电路（OTL 电路）。功率放大器的任务不仅要输出较大的电压，而且能输出较大的电流。本电路采用无输出变压器功率放大器，可以消除输出变压器引起的失真和损耗，频率特性好，还可以减小放大器的体积和质量。

如图 5-1 所示，VT_5 与 VT_6 组成同类型晶体管的推挽功率放大电路，R_7，R_8 和 R_9 和 R_{10} 分别是 VT_5 与 VT_6 的偏置电阻，为电路提供合适的静态电压。变压器 T_5 用于倒相耦合。C_9 是隔直电容，也是耦合电容。为了减小低频失真，电容 C_9 选得越大越好。无输出变压器功率放大器的输出阻抗低，可以直接推动扬声器工作。

⑦附属电路如图 5-1 所示。

a.LED 为电源指示灯，R_{11} 为降压电阻，构成开机指示电路。

b.R_6、C_8 为前级的 RC 供电元器件，给中放变频检波级供电。

c.C_1 为旁路电容，C_2 为本振信号耦合电容。

d.BL 为扬声器，常用阻抗为 8 Ω。

e.GB 为 3 V 供电电源。

（4）电路基本工作过程。如图 5-1 所示，由 T_1 接收空中电磁波，经 CA 与 T_1 初级选出所需电台信号，经次级耦合送入 VT_1 的基极；VT_1 与 T_2 产生振荡，形成比外来信号高一个固定中频的频率信号，经 C_2 耦合送入 VT_1 的发射极；两信号在 VT_1 中混频，在集电极输出差频、和频及多次谐波，送入 T_3 选频，选出固定中频 465 kHz 信号，送中放级 VT_2；VT_2 在自动增益控制电路的控制下，输出稳定信号送 T_4 再次选频后，送入检波级 VT_3 检波，取出音频信号，经 R_P 改变音量后，送 VT_4 放大，使其有一定功率推动 VT_5 与 VT_6 两只功放管，再经 VT_5 与 VT_6 功放管放大后，使其足够功率，推动扬声器发出声音。

2. 印制电路板图

印制电路板由元器件面和焊接面双面印制板组成。放置元器件的这一面称为元器件面；用于布置印制导线和进行焊接的这一面称为焊接面，如图 5-3 所示。

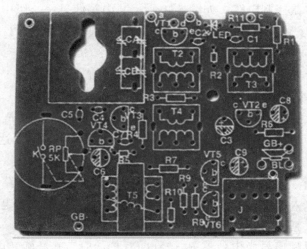

（a）

图 5-3　印制电路板

（a）元器件面

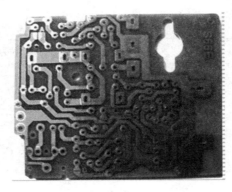

（b）

图 5-3　印制电路板（续）

（b）焊接面

印制电路板图表示了电路原理图中各元器件在电路板上的分布状况和具体位置，给出了各元器件引脚之间连线（铜箔线路）的走向。

3．元器件清单

S66 型超外差式收音机元器件清单见表 5-1。

表 5-1　S66 型超外差式收音机元器件清单

序号	名称	型号规格	位号	数量
1	三极管	9018 F	VT_1、VT_2	2 个
2	三极管	9018 H	VT_3	1 个
3	三极管	9014 D	VT_4	1 个
4	三极管	9013 H	VT_5、VT_6	2 个
5	发光二极管	$\phi3$，红	LED	1 个
6	磁棒线圈	5 mm×13 mm×55 mm	T_1	1 套
7	本振线圈	红	T_2	1 个
8	中周	白、黑	T_3、T_4	2 个
9	输入变压器	E 型六个引脚	T_5	1 个
10	扬声器	$\phi58$ mm	BL	1 个
11	电阻	100 Ω	R_6、R_8、R_{10}	3 个
12	电阻	120 Ω	R_7、R_9	2 个
13	电阻	330 Ω、1.8 kΩ	R_{11}、R_2	各 1 个
14	电阻	30 kΩ、100 kΩ	R_4、R_5	各 1 个
15	电阻	120 kΩ、200 kΩ	R_3、R_1	各 1 个
16	电位器	5 kΩ（带开关插脚）	R_P	1 支

序号	名称	型号规格	位号	数量
17	电解电容	0.47 μF（小）、10 μF	C_6、C_3	各1个
18	电解电容	100 μF	C_8、C_9	2个
19	瓷片电容	682、103	C_2、C_1	各1个
20	瓷片电容	223	C_4、C_5、C_7	3个
21	双联电容	CBM-223P	CA	1个
22	收音机前盖	—	—	1个
23	收音机后盖	—	—	1个
24	刻度尺、音窗	—	—	各1块
25	双联拨盘	—	—	1个
26	电位器拨盘	—	—	1个
27	磁棒支架	—	—	1个
28	印制电路板	—	—	1块
29	电路原理图及装配说明	—	—	1份
30	电池正负极簧片（3件）	—	—	1套
31	连接导线	—	—	4根
32	立体声耳机插座	ϕ3.5 mm	—	1个
33	双联及拨盘螺丝	ϕ2.5 mm×5 mm	—	3粒
34	电位器拨盘螺丝	ϕ1.6 mm×5 mm	—	1粒
35	自攻螺丝	ϕ2 mm×5 mm	—	1粒

三、元器件的识别与检测

为了提高产品的质量和可靠性，在电子产品整机装配前，所用的元器件都必须经过检测，检测内容包括静态和动态。

静态：检查元器件表面有无损伤、变形，几何尺寸是否符合要求，型号规格是否与元器件清单（表5-1）中所列相符。

动态：通过万用表检测元器件的电气性能是否符合规定的技术条件。

1. 电阻类

通过电阻的色环读出电阻值并用万用表进行测量，检查其数量、参数是否与元器件清单（表5-1）一致。

2. 电容类

测量时，应针对不同容量选用合适的量程。

3. 电感类

（1）本振线圈 T_2（红）、中周 T_3（白）和 T_4（黑）内部接线及实物如图 5-4 所示。根据图 5-4 的内部接线关系进行测量。安装好后只需微调甚至不调，防止调乱。

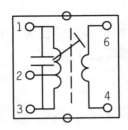

图 5-4　T_2、T_3、T_4 内部接线及实物图

（2）输入变压器 T_5 内部接线及实物如图 5-5 所示。根据图 5-5 的内部接线关系进行测量。线圈骨架上有凸点标记的为初级，印制电路板上也有圆点作为标记。

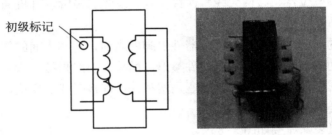

图 5-5　输入变压器 T_5 内部接线及实物图

（3）磁棒线圈 T_1 线头的示意图及实物如图 5-6 所示。它由线圈和磁棒组成，线圈有一二次两组，可用万用表进行测量。

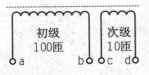

图 5-6　磁棒线圈 T_1 线头的示意图及实物图

4. 二极管（1个）、三极管（6个）

二极管和三极管如图 5-7 所示，用万用表按常规方法测量。

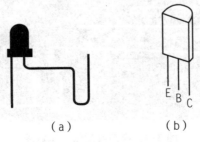

（a）　　　　　　（b）

图 5-7　二极管、三极管示意图

（a）二极管；（b）三极管

5．电声器件（扬声器）

用数字万用表的蜂鸣挡测量，所测阻值与标称阻值基本一致。同时，测量时，万用表发出蜂鸣声。

6．结构件

印制电路板 1 块；调谐盘、电位器各 1 个；前盖、后盖各 1 个；正负极簧片 3 件；频率标牌 1 片；磁棒支架 1 个；螺钉 5 粒；绝缘导线 4 根。

四、电路元器件的装配与焊接

1．装配

先进行电气装配，再进行机械装配。装配具体要求如下。

（1）对照图 5-3（b）检查印制电路板有无毛刺、缺损，焊点是否氧化。

（2）对照图 5-1 所示原理图及图 5-3 所示印制电路板图，确定每个组件的位置。

（3）装配顺序：电阻、瓷片电容、三极管、电解电容、中周、输入变压器、可调电容（双联）和可调电位器、磁性天线、连接导线、发光二极管、耳机插座等。

2．焊接

（1）元器件的清洁：用锯条轻刮元器件引脚的表面，将其表面的氧化层全部去除。

（2）元器件的安装焊接过程：元器件整形、插装、引线焊接。

（3）二极管属于玻璃封装，耳机插座是塑料件，焊接时速度要快，以免损坏。

3．元器件安装焊接顺序

步骤一：电阻装配焊接如图 5-8 所示。

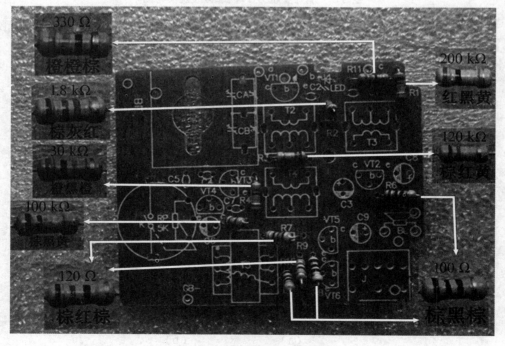

图 5-8　电阻装配焊接示意图

步骤二：瓷片电容装配焊接如图 5-9 所示。

图 5-9　瓷片电容装配焊接示意图

步骤三：电解电容装配焊接如图 5-10 所示。

图 5-10　电解电容装配焊接示意图

步骤四：三极管装配焊接如图 5-11 所示。

图 5-11 三极管装配焊接

步骤五：中周装配焊接如图 5-12 所示。

图 5-12 中周装配焊接

步骤六：输入变压器装配焊接如图 5-13 所示。

图 5-13　输入变压器装配焊接示意图

步骤七：双联电容、电位器及耳机插座装配焊接如图 5-14 所示。

图 5-14　双联电容、电位器及耳机插座装配焊接示意图

步骤八：装配焊接天线 a、b、c、d。天线 a、b、c、d 如图 5-15 所示。天线 a、b、c、d 装配焊接如图 5-16 所示。

图 5-15　天线 a、b、c、d

图 5-16　天线 a、b、c、d 装配焊接

步骤九：电源正负极及扬声器装配焊接如图 5-17 所示。

图 5-17　电源正负极及扬声器装配焊接

步骤十：扬声器、电池正负极簧片装配焊接如图 5-18 所示。

图 5-18　扬声器、电池正负极簧片装配焊接

步骤十一：电位器拨盘装配如图 5-19 所示。

图 5-19　电位器拨盘装配

步骤十二：刻度尺粘贴如图 5-20 所示。

图 5-20　刻度尺粘贴

步骤十三：收音机装配结果如图 5-21 所示。

图 5-21　收音机装配结果

五、收音机的调试与维修

1．调试过程

（1）测量电流。对照图 5-1 将电位器开关关掉，装上电池（万用表调到合适挡位），表笔跨接在电位器开关的两端（黑表笔接电池负极、红表笔接开关的另一端），若电流指示小于 10 mA，则可以通电。

（2）对照图 5-1 将电位器开关打开（音量旋至最小即测量静态电流），用万用表依次测量 A、B、C、D 四个电流缺口，若被测量的数字如表 5-2 所示，在规定（请参考电路原理图）的参考值左右即可用电烙铁将这四个缺口依次连通。

表 5-2　电流测量参考数据表

项目	测量点 A	测量点 B	测量点 C	测量点 D
参考电流值 /mA	0.3	0.5	5	2

（3）对照图 5-1 把收音机的音量开到最大，调节双联拨盘即可收到电台。

在安装电路板时，注意把喇叭及电池引线埋在比较隐蔽的地方，不要影响调谐拨盘的旋转，也要避开螺丝钉桩子，电路板到位后再用螺丝钉固定，这样一台收音机就安装完毕了。当测得电流不在规定电流值左右时，请检查三极管的极性是否装错，中周是否装错位置以及虚焊、错焊等。若测量哪一级电流不正常，则说明哪一级有问题。

2．常见故障排除

（1）音质变坏，失真变大。

①末级推挽功放不对称。对照图 5-1 分别检查：三极管 9013H 损坏或未接好；输入的一次侧绕组或输出的二次侧绕组断线；功放上偏置电阻 R_7 虚焊、错焊或断开。以上三种情况会使输出小，失真度大。这些情况可用万用表判断。

②图 5-1 中其他各级偏置电阻假焊、断开，会使工作点不正常而引起失真。

（2）灵敏度低，声音小。

①中频变压器回路电容内部开路或一次侧一端开路。

②中频变压器调乱，中频回路失谐。

③天线线圈脱焊。

④变频部分未统调好。

（3）啸叫。

①低频啸叫。发出"扑扑扑"的声音，主要是电池电压过低，电池内阻增大或电源滤波电容 C_8 开路。

②中频啸叫。在整个波段都有，在电台位置两侧，主要是中周外壳接地不良。

③高频啸叫。主要发生在高波段。变频级振荡电压过高，输入回路与变频管基极回路线圈方向不对（a、b、c、d 焊头颠倒）。

（4）时响时不响。对于新装机，主要原因是虚焊、印制电路板损坏、元器件相碰等。

（5）完全无声。对于新装机，主要原因有虚焊、漏焊、错焊，包括三极管引脚焊错、电阻值大小搞错、线与线之间焊错，电池的正负极性接错等。

具体检查过程：

①打开开关，对照图 5-1，分别测量开关两端与 + 3 V 之间的电压值，检查电源焊接、电池等是否正常。

②利用信号注入法，对照图 5-1 从功放级至混频级逐级检测。

将螺丝刀头分别触碰电位器的中间抽头、各晶体管的基极，若有"卡卡"的响声，说明电路是通的。若某级晶体管的基极注入信号后不响，就检查这一级。从测量晶体管的 u_{BE} 和 u_{CE} 的电压值来判断故障位置。若所测值不在正常值范围，则做出相应处理，有时需更换晶体管。

 任务实施中的常见问题及其对策

（1）整机调试中的故障以焊接和装配故障为主。

（2）整机调试过程中，故障多出现在元器件、线路和装配工艺等方面。

（3）故障查找的常用方法：观察法、测量法、比较法、替换法、信号法、加热或冷却法等。

（4）三极管的安装如图 5-7 所示。根据放大倍数 β 值的不同，插装焊接到相应位置，不能混淆。插装时注意极性（E、B、C 标记），高度统一且稍低于中周的高度，太高会影响后盖的安装。

（5）如图 5-15 所示，磁棒线圈的四根引线头用电烙铁配合松香焊锡丝来回摩擦几次即可自动镀上锡。

（6）二极管的装配。将二极管按照图 5-22 所示的形状成形，注意正负极性，从元器件面插入进行焊接。

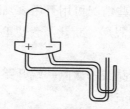

图 5-22　二极管的引脚成形

 任务小结

（1）根据表 5-1 所示的元器件清单，检查是否缺少元器件。

（2）元器件损坏故障。焊接前要按表 5-1 对所有的元器件进行检测。

（3）元器件安装错误的故障。常见的有元器件位置安装错误，二极管、三极管的引脚极性装错，元器件漏装等。

（4）检查焊接故障。常出现的焊接故障有漏焊、虚焊、错焊和桥接等。

（5）装配故障。常见的有机械安装位置不当、错位和卡死等。

（6）如图 5-15 所示，磁棒线圈 a、b、c、d 要清楚顺序。线圈 a、b、c、d 上有绝缘漆，焊接前需要用打火机烧或用小刀刮掉绝缘层 1 ～ 2 cm。

（7）发光二极管作为开关指示灯，注意安装焊接的方式。

（8）如图 5-1 所示，要把电路板上的 A、B、C、D 四个电流测试点焊接上，否则收音机是不会正常工作的。

 任务报告要求

（1）元器件的识别和测量。

（2）焊接过程。

（3）收音机的工作原理（详细描述）。

（4）收音机的安装步骤及方法。

（5）在安装与调试收音机过程中所遇到的问题及其解决方法。

5.2 水厂直流稳压电源设计

 任务描述

一、概述

水厂直流稳压电源将 AC220 V 市电经过变压器隔离、降压获得 24 ～ 30 V 交流电，然后将变压后的交流电经过整流、滤波、稳压等环节后，获得输出稳定的 DC24 V 直流电。该电路具有电压纹波小、工作稳定等特点，同时带有过流保护功能。

二、目标

（1）熟悉印制电路板焊接技能与技巧。

（2）学会识读电子产品原理图和装配过程中的各种图表。

（3）掌握电子元器件的识别、检测、加工及安装方法。

（4）了解电源制作的整流、滤波、稳压的工作方式。

 任务实施

一、所需器材

（1）水厂直流稳压电源套件：1 套。

（2）万用表：1 块。

（3）电烙铁、烙铁架、斜口钳、尖嘴钳、镊子、十字螺丝刀、小刀、砂纸等工具：1 套。

二、识读水厂直流稳压电源电路原理图和装配过程中的各种图表

1．电路原理

（1）电路原理图。水厂直流稳压电源电路原理如图 5-23 所示。

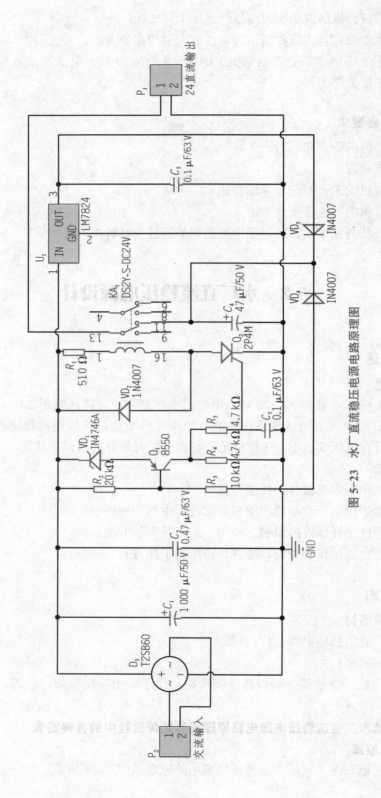

图 5-23　水厂直流稳压电源电路原理图

（2）电路方框图。电路方框图如图 5-24 所示。

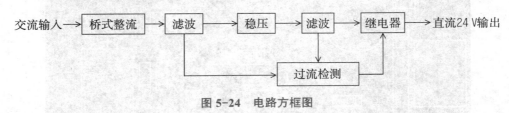

图 5-24　电路方框图

（3）电路原理介绍。

①桥式整流电路。如图 5-23 所示，桥式整流电路的作用是将变压器输出的交流电转换为脉动的直流电。交流电的特点是电压大小和方向都会随时间发生变化，脉动的直流电特点是电压的大小变化但是方向不变。

本实验使用全桥整流。全桥由四只二极管组成，有四个引出脚。两只二极管负极的连接点是全桥直流输出端的"正极"，两只二极管正极的连接点是全桥直流输出端的"负极"。本实验中使用一个 T2SB60 代替四个二极管。如图 5-23 所示，T2SB60 是由四只整流硅芯片作桥式连接，外用绝缘塑料封装而成，一般大功率整流桥还会在绝缘层外添加锌金属壳包封，增强散热。

②滤波电路。滤波电路的作用是尽可能减小脉动的直流电压中的交流成分，保留其直流成分。将脉动的直流电转化为普通的直流电，滤去整流输出电压中的纹波、干扰。

滤波的原理是利用电容的充放电功能，在电压上升时电容充电，电压下降时电容放电，不停地循环充放电，使输出电压纹波系数降低，波形变得比较平滑。

③稳压电路。稳压电路采用一个 LM7824 芯片进行稳压。用 LM78 系列三端稳压IC 来组成稳压电源所需的外围元器件极少，电路内部还有过流、过热及调整管的保护电路，使用起来可靠、方便，而且价格便宜。

④过流检测电路。过流检测电路主要由一个三极管、一个可控硅、一个继电器构成。当发生过流时，三极管会导通，可控硅也会导通并保持，继电器线圈得电，切断输出电压。

（4）电路基本工作过程。经过变压器隔离并降压后的交流电压输入，经过 T2SB60整流、电解电容和瓷片滤波后进入 LM7824，LM7824 输出稳定的直流 24 V 电压。如果发生过流，三极管首先导通，然后可控硅导通，最后继电器吸合，断开输出电路。可控硅一旦导通，便会保持导通，必须将电路断电，然后等待一段时间，当滤波电容中存储的电量低于一定值时，可控硅会关断。此时会听到继电器复位的声音，再次通电，电路恢复正常。

2．印制电路板图

印制电路板由元器件面和焊接面双面印制板组成。放置元器件的这一面称为元器件面；用于布置印制导线和进行焊接的这一面称为焊接面，如图 5-25 所示。

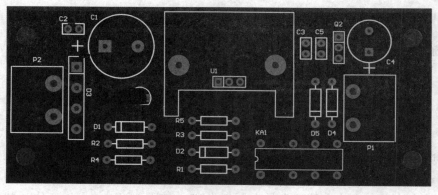

（a）

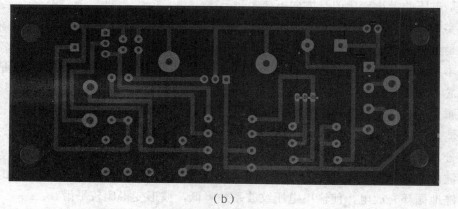

（b）

图 5-25　印制电路板图
（a）元器件面；（b）焊接面

　　印制电路板图表示了电路原理图中各元器件在电路板上的分布状况和具体位置，给出了各元器件引脚之间连线（铜箔线路）的走向。

3．元器件清单

　　水厂直流稳压电源元器件清单见表 5-3。

表 5-3　水厂直流稳压电源元器件清单

序号	名称	型号规格	位号	数量
1	瓷片电容	0.47 μF/63 V	C_2	1 个
2	瓷片电容	0.1 μF/63 V	C_3、C_5	2 个
3	电解电容	1 000 μF/50 V	C_1	1 个
4	电解电容	47 μF/50 V	C_4	1 个
5	整流桥	T2SB60	D_3	1 个
6	三极管	8550	Q_1	1 个
7	稳压二极管	IN4746 A	VD_1	1 个

序号	名称	型号规格	位号	数量
8	电阻	20 kΩ	R_2	1个
9	电阻	4.7 kΩ	R_4、R_5	2个
10	电阻	10 kΩ	R_3	1个
11	电阻	510 Ω	R_1	1个
12	通用二极管	IN4007	VD_2、VD_4、VD_5	3个
13	三端固定正稳压器	LM7824	U_1	1个
14	继电器	DS2Y-S-DC24V	KA_1	1个
15	可控硅	2P4M	Q_2	1个
16	接线端子	—	P_1、P_2	2个
17	印制电路板	—	—	1块
18	电路原理图及装配说明	—	—	1份

三、元器件的识别与检测

为了提高产品的质量和可靠性，在电子产品整机装配前，所用的元器件都必须经过检测，检测内容包括静态和动态。

静态： 检查元器件表面有无损伤、变形，几何尺寸是否符合要求，型号规格是否与元器件清单（表5-3）中所列相符。

动态： 通过万用表检测元器件的电气性能是否符合规定的技术条件。

1. 电阻类

通过电阻的色环读出电阻值并用万用表进行测量，检查其数量、参数是否与元器件清单（表5-3）一致。

2. 电容类

通过电容的标识读出电容量并用万用表电容挡进行测量，检查其数量、参数是否与元器件清单（表5-3）一致。

3. 二极管

通过二极管的标识读出二极管型号并用万用表二极管挡进行测量，检查其数量、参数是否与元器件清单（表5-3）一致。

如图5-26所示，实物中带有横杠的一端是二极管的负极，另一端是二极管的正极。焊接时负极应与印制电路板上的横杠对应。

图5-26　通用二极管 VD_2、VD_4、VD_5 符号及实物图

如图 5-27 所示稳压二极管，又叫齐纳二极管。利用 PN 结反向击穿状态，在反向击穿电压前具有很高的电阻，达到击穿电压后电阻降低到一个很小的数值。

IN4746A

图 5-27　稳压二极管 VD_1 符号及实物图

4. 三极管

通过三极管的标识读出三极管型号并用万用表三极管挡进行测量，检查其数量、参数是否与元器件清单（表 5-3）一致。

如图 5-28 所示实物中三极管印有标识的一面正对自己，从左往右依次是发射极 E、基极 B、集电极 C。焊接时应使三极管的半圆对应 PCB 的半圆进行焊接。

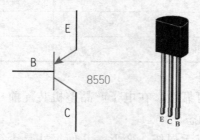

图 5-28　三极管 Q_1 符号及实物图

5. 整流桥

如图 5-29 所示，全桥由四只二极管组成，有四个引脚。两只二极管负极的连接点是全桥直流输出端的"正极"，两只二极管正极的连接点是全桥直流输出端的"负极"。

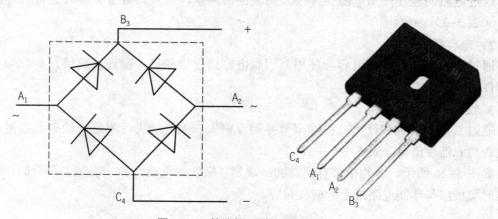

图 5-29　整流桥 D_3 符号及实物图

6. 三端稳压器

如图 5-30 所示，LM7824 是三端固定正稳压器，输入电压 27 ～ 38 V，输出电压 24 V。实物正面朝向自己，从左往右依次为 1 ～ 3 号引脚。

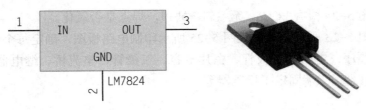

图 5-30　三端稳压器 U_1 符号及实物图

7. 继电器

如图 5-31 所示，继电器是一种电控制器件，当线圈两端电压差达到规定要求时，其常闭触点断开、常开触点闭合。它具有输入回路和输出回路两个回路，可以做到电气隔离的效果，通常应用于自动化的控制电路中。

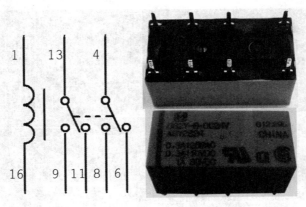

图 5-31　继电器 KA_1 符号及实物图

8. 可控硅

图 5-32 所示可控硅又称晶闸管。它具有体积小、效率高、寿命长等优点。可控硅分单向可控硅和双向可控硅两种。本实验使用单向可控硅。其通断状态由控制极 G 决定。在控制极 G 上加正脉冲可使其正向导通。导通后除非阳极和阴极的压差小于一定值，否则可控硅处于持续导通状态。

图 5-32　可控硅 Q_2 符号及实物图

四、电路元器件的装配与焊接

1. 装配

先进行电气装配，再进行机械装配。具体要求如下。

（1）对照图 5-25 检查 PCB 有无毛刺、缺损，焊点是否氧化。

（2）对照图 5-23 所示原理图及图 5-25 所示印制电路板图，确定每个组件的位置。

（3）装配顺序：电阻、二极管、瓷片电容、三极管、整流桥、继电器、接线端子、可控硅、电解电容、三端固定正稳压器等。

2．焊接

（1）元器件的清洁：用锯条轻刮元器件引脚的表面，将其表面的氧化层全部去除。

（2）元器件的安装焊接过程：元器件整形、插装、引线焊接。

（3）焊接时，二极管有正负极，注意区分，避免焊反。

3．元器件安装焊接顺序

步骤一：电阻装配焊接如图 5-33 所示。

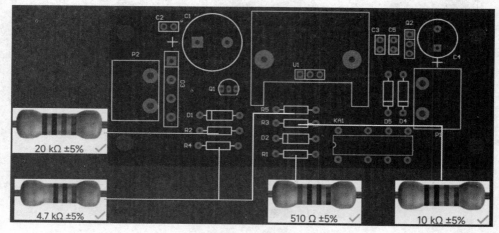

图 5-33　电阻装配焊接示意图

步骤二：二极管装配焊接如图 5-34 所示。

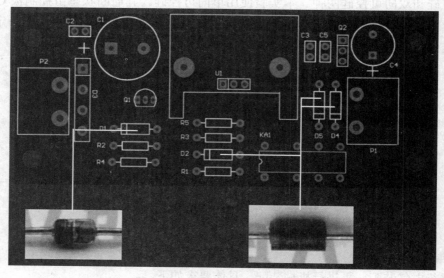

图 5-34　二极管装配焊接示意图

步骤三：瓷片电容装配焊接如图 5-35 所示。

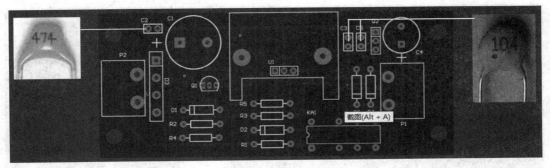

图 5-35　瓷片电容装配焊接示意图

步骤四：三极管装配焊接如图 5-36 所示。

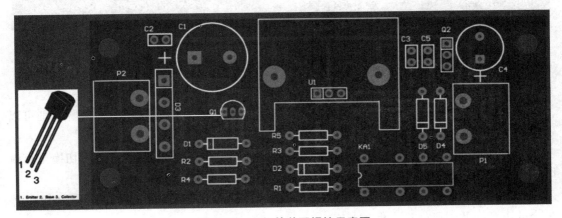

图 5-36　三极管装配焊接示意图

步骤五：整流桥、继电器、接线端子、可控硅装配焊接如图 5-37 所示。

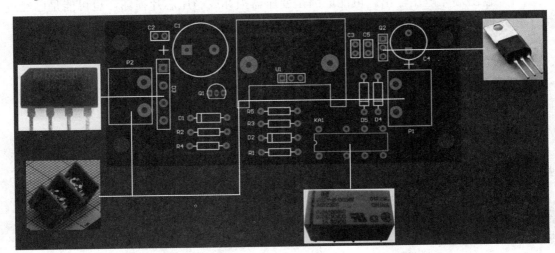

图 5-37　整流桥、继电器、接线端子、可控硅装配焊接示意图

步骤六：电解电容、三端固定正稳压器装配焊接如图 5-38 所示。

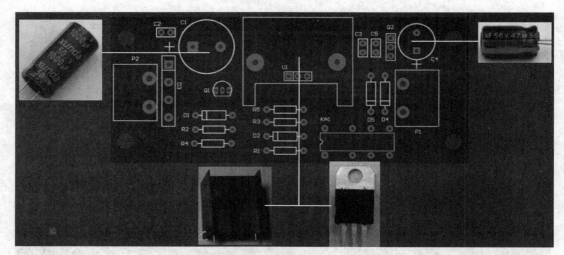

图 5-38　电解电容、三端固定正稳压器装配焊接

五、直流稳压电源的调试与维修

1. 调试过程

（1）测量。用万用表通断挡检测输入端、输出端，若万用表蜂鸣器不报警，则可以通电。

（2）通电。首先用万用表交流电压挡检测输入端电压，应为 220V，然后切换至直流电压挡检测输出端电压，输出应为 24 V。

（3）模拟过流或短路保护。使用一根导线短接两个输出端，短接瞬间会听到继电器吸合的声音，此时已经进入保护状态。

2. 常见故障排除

（1）输出端无电压输出。可能原因是变压器损坏或稳压芯片损坏，也可能是已经进入了短路保护状态。

（2）无短路保护效果。可能原因是晶闸管损坏或继电器损坏。

　任务实施中的常见问题及其对策

（1）整机调试中的故障以焊接和装配故障为主。

（2）整机调试过程中，故障多出现在元器件、线路和装配工艺等方面。

（3）故障查找的常用方法：观察法、测量法、比较法、替换法、信号法、加热或冷却法等。

（4）三极管的安装如图 5-7 所示。根据放大倍数 β 值的不同，插装焊接到相应位置，不能混淆。插装时注意极性（E、B、C 标记），高度统一且稍低于中周的高度，太高会影响后盖的安装。

（5）整流桥的安装。如图 5-29 整流桥上有缺口的一边是整流桥的正极输出，对应印制电路板上面的 + 号。焊接时注意不要插反。

（6）电解电容的安装。如图 5-38 电解电容有正、负极区分，引脚一般是长正短负，靠近阴影一边的引脚为负极。安装时注意不要插反。

 任务小结

（1）根据表 5-3 水厂直流稳压电源元器件清单，检查是否缺少元器件。

（2）元器件损坏故障。焊接前要按表 5-3 对所有的元器件进行检测。

（3）元器件安装错误的故障。常见的有元器件位置安装错误，二极管、三极管的引脚极性装错，电解电容的引脚极性装反，元器件漏装等。

（4）检查焊接故障。常出现的焊接故障有漏焊、虚焊、错焊、桥接等。

（5）装配故障。常见的有机械安装位置不当、错位、卡死等。

 任务报告要求

（1）元器件的识别和测量。

（2）焊接过程。

（3）稳压电源的工作原理（详细描述）。

（4）稳压电源的安装步骤及其方法。

（5）稳压电源在安装与调试过程中所遇到的问题及其解决方法。

5.3　水厂照明灯的安装与调试

 任务描述

一、概述

水厂照明灯采用交流 220 V 输入、交流 50 ～ 220 V 输出可调，具有安装调试方便、工作稳定、灵敏度高、电流可达 10 A 等特点。

可控硅调压器是一种以可控硅（电力电子功率器件）为基础，以专用控制电路为核心的电源功率控制电器，又称晶闸管调功器、晶闸管调压器、晶闸管调整器、可控硅调功器、可控硅调整器，具有效率高、无机械噪声和磨损、响应速度快、体积小、重量轻等许多优点。

二、目标

（1）熟悉印制电路板焊接技能与技巧。

（2）学会识读电子产品原理图和装配过程中的各种图表。

（3）掌握电子元器件的识别、检测、加工及安装方法。

（4）掌握可控硅调压电路的装配与调试方法。

任务实施

一、所需器材

（1）水厂照明灯套件：1套。

（2）万用表：1块。

（3）电烙铁、烙铁架、斜口钳、尖嘴钳、镊子、十字螺丝刀、小刀、砂纸等工具：1套。

二、识读水厂照明灯电路原理图和装配过程中的各种图表

1. 电路原理

（1）电路原理图。水厂照明灯电路原理图如图5-39所示。

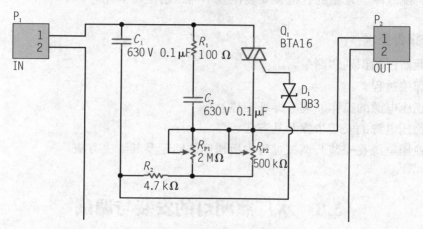

图5-39 水厂照明灯电路原理图

（2）电路方框图。电路方框图如图5-40所示。

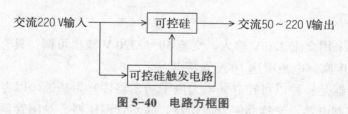

图5-40 电路方框图

（3）电路原理介绍。如图5-39所示，本实验使用的是一个双向可控硅，双向可控硅是在普通可控硅的基础上发展而成的，它不仅能代替两只反极性并联的可控硅，而且仅需一个触发电路，是比较理想的交流开关器件。其英文名称（Triod Alternating Current Switch，TRIAC）即三端双向交流开关之意。

可控硅触发电路由电阻、电容、电位器和双向触发二极管组成，具有结构简单、调试方便等特点。

（4）电路基本工作过程。如图5-39所示，当220V市电加到输入P_1两端时，通过改变电容C_2上充电时间常数的方法可以改变导通角，从而达到改变P_2输出端灯泡平均电压，也就是改变灯泡亮度的目的，只要可控硅承受功率足够大，就可以实现大功率输出。

2. 印制电路板图

印制电路板由元器件面和焊接面双面印制板组成。放置元器件的这一面称为元器件面；用于布置印制导线和进行焊接的这一面称为焊接面，如图 5-41 所示。

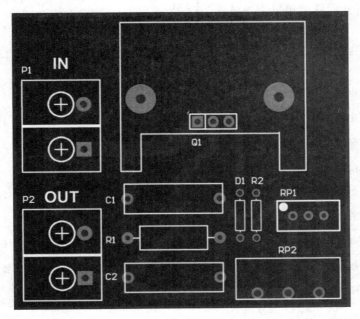

（a）

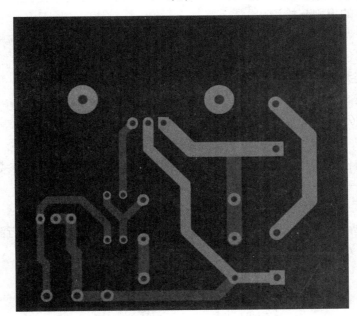

（b）

图 5-41　印制电路板
（a）元器件面；（b）焊接面

印制电路板图表示了电路原理图中各元器件在电路板上的分布状况和具体位置，给出了各元器件引脚之间连线（铜箔线路）的走向。

3．元器件清单

水厂照明灯元器件清单见表5-4。

表5-4 水厂照明灯元器件清单

序号	名称	型号规格	位号	数量
1	电阻	100 Ω	R_1	1个
2	电阻	4.7 kΩ	R_2	1个
3	CBB 电容	0.1 μF	C_1、C_2	2个
4	电位器	2 MΩ	R_{P1}	1个
5	电位器	500 kΩ	R_{P2}	1个
6	双向触发二极管	DB3	D_1	1个
7	可控硅	BTA16	Q_1	1个
8	接线端子	—	P_1、P_2	2个
9	印制电路板	—	—	1块
10	电路原理图及装配说明	—	—	1份

三、元器件的识别与检测

为了提高产品的质量和可靠性，在电子产品整机装配前，所用的元器件都必须经过检测，检测内容包括静态和动态。

静态：检查元器件表面有无损伤、变形，几何尺寸是否符合要求，型号规格是否与元器件清单（表5-4）中所列相符。

动态：通过万用表检测元器件的电气性能是否符合规定的技术条件。

1．电阻类

通过电阻的色环读出电阻值并用万用表进行测量，检查其数量、参数是否与元器件清单（表5-4）一致。

2．电容类

如图5-42所示，通过电容的标识读出电容量并用万用表电容挡进行测量，检查其数量、参数是否与元器件清单（表5-4）一致。

图5-42 CCB 电容 C_1、C_2 符号及实物图

3．二极管

通过二极管的标识读出二极管型号并用万用表二极管挡进行测量，检查其数量、参数是否与元器件清单（表5-4）一致。

本实验中使用的是一个双向触发二极管，焊接实物时不需要区分正负极。

四、电路元器件的装配与焊接

1．装配

先进行电气装配，再进行机械装配。具体要求如下。

①对照图5-41检查印制电路板有无毛刺、缺损，焊点是否氧化。

②对照图5-39所示原理图及图5-41所示印制电路板图，确定每个组件的位置。

③装配顺序：电阻、二极管、CCB电容、电位器、接线端子、可控硅。

2．焊接

①元器件的清洁：用锯条轻刮元器件引脚的表面，将其表面的氧化层全部去除。

②元器件的安装焊接过程：元器件整形、插装、引线焊接。

③本实验使用的二极管是双向二极管，焊接时没有正负极区分。

3．元器件安装焊接顺序

步骤一：电阻装配焊接如图5-43所示。

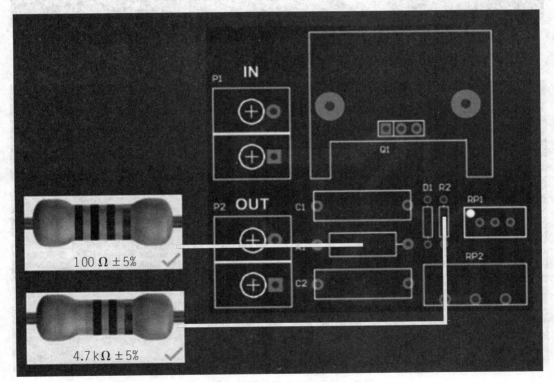

图5-43　电阻装配焊接示意图

步骤二：二极管装配焊接如图5-44所示。

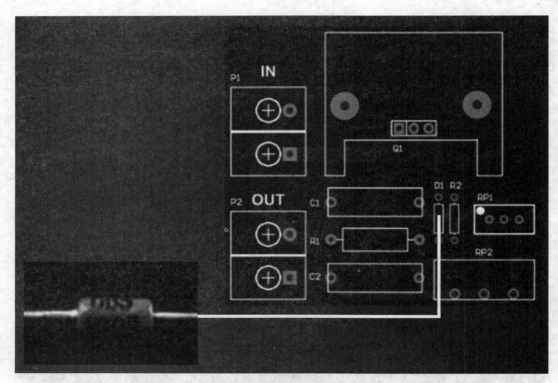

图 5-44　二极管装配焊接示意图

步骤三：CCB 电容装配焊接如图 5-45 所示。

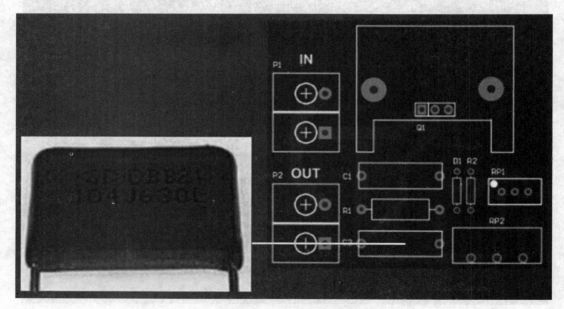

图 5-45　CCB 电容装配焊接示意图

步骤四：电位器装配焊接如图 5-46 所示。

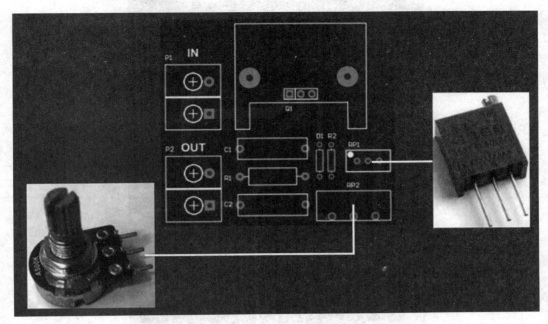

图 5-46　电位器装配焊接示意图

步骤五：接线端子装配焊接如图 5-47 所示。

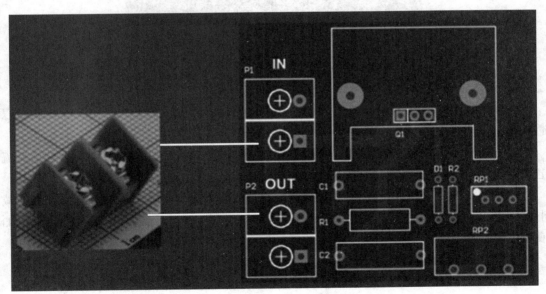

图 5-47　接线端子装配焊接示意图

步骤六：可控硅和散热片装配焊接如图 5-48 所示。先将可控硅与散热片通过螺丝固定到一起，然后插到印制电路板上进行焊接。

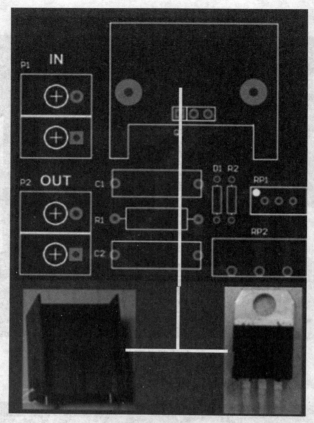

图 5-48   可控硅和散热片装配焊接示意图

五、水厂照明灯的调试与维修

1. 调试过程

（1）测量。用万用表通断挡检测输入端、输出端，若万用表蜂鸣器不报警，则可以通电。

（2）通电。首先用万用表交流电压挡检测输入端电压，应为 220 V，然后继续用交流电压挡检测输出端电压，输出应为 50 ～ 220 V。

（3）调整输出电压。首先调节电位器 R_{P2}，因为 R_{P2} 行程短，电压会大范围增加或减小，所以 R_{P2} 用于粗调电压。然后调节电位器 R_{P1}，因为 R_{P1} 行程长，电压会小幅度增加或减小，所以 R_{P1} 用于细调电压。

2. 常见故障排除

输出端无电压输出。可能原因是可控硅损坏，也可能是双向触发二极管损坏。

🦅 任务实施中的常见问题及其对策

（1）整机调试中的故障以焊接和装配故障为主。

（2）整机调试过程中，故障多出现在元器件、线路和装配工艺等方面。

（3）故障查找的常用方法：观察法、测量法、比较法、替换法、信号法、加热或冷却法等。

任务小结

（1）根据表 5-4 水厂照明灯元器件清单，检查是否缺少元器件。

（2）元器件损坏故障。焊接前要按表 5-4 对所有的元器件进行检测。

（3）元器件安装错误的故障。常见的有元器件位置安装错误，二极管、三极管的引脚极性装错，元器件漏装等。

（4）检查焊接故障。常出现的焊接故障有漏焊、虚焊、错焊和桥接等。

（5）装配故障。常见的有机械安装位置不当、错位和卡死等。

任务报告要求

（1）元器件的识别和测量。

（2）焊接过程。

（3）照明灯的调光原理（详细描述）。

（4）照明灯的安装步骤及方法。

（5）在安装与调试照明灯过程中所遇到的问题及其解决方法。

5.4 水厂有害气体检测仪的安装与调试

任务描述

一、概述

水厂有害气体检测仪是一款可以检测空气中的液化气、丁烷、丙烷、甲烷、酒精、氢气、烟雾等含量的设备，家庭和工厂均可使用。它具有安装调试方便、工作稳定、探测范围广、高灵敏度、快速响应等特点。

二、目标

（1）熟悉印制电路板焊接技能与技巧。

（2）学会识读电子产品原理图和装配过程中的各种图表。

（3）掌握电子元器件的识别、检测、加工及安装方法。

（4）掌握水厂有害气体检测仪的装配与调试方法。

任务实施

一、所需器材

（1）水厂有害气体检测套件：1 套。

（2）万用表：1 块。

（3）电烙铁、烙铁架、斜口钳、尖嘴钳、镊子、十字螺丝刀、小刀、砂纸等工具：1 套。

二、识读水厂有害气体检测仪电路原理图和装配过程中的各种图表

1. 电路原理

（1）电路原理图。水厂有害气体检测仪电路原理图如图 5-49 所示。

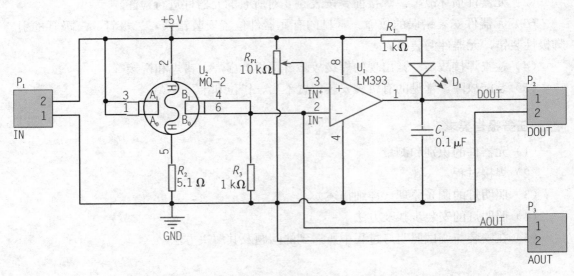

图 5-49　水厂有害气体检测仪电路原理图

（2）电路方框图。电路方框图如图 5-50 所示。

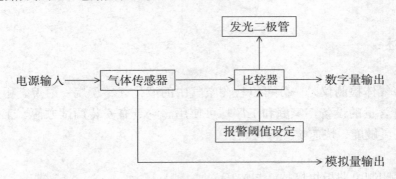

图 5-50　电路方框图

（3）电路原理介绍。如图 5-49 所示，比较器具有两个模拟电压输入端 IN^+ 和 IN^-，一个数字状态输出端 DOUT。输出端只有两种状态，用以表示两个输入端电位的高低关系。

用作比较器时，一般是将一个输入端接固定电位，称为基准，用另一个输入端接被测电位，用于衡量被测电位与基准的关系。当输入电压大于基准电压时，两者的差乘以开环增益一般会超过正电源电压，而使运放的实际输出为正电源电压。当输入电压小于基准电压时，两者的差（负值）乘以开环增益一般会低于负电源电压，而使运放的实际输出为负电源电压。

（4）电路基本工作过程。如图 5-49 所示，电源由 P_1 输入，电压为 5 V，给整个系统供电。

气体传感器 U_2 用来检测空气中的有害气体，气体传感器会输出一个模拟量，空气中有害气体越多，模拟量值越高。模拟量值范围在 0.1 ～ 4 V。

气体传感器输出的模拟量引出到 AOUT（模拟量输出端）和比较器 U_1 的 IN^-，比较器的 IN^+ 连接一个可调电位器，用来调整基准电压。

当比较器 U_1 的 IN^+ 大于 IN^- 时，比较器的 OUT 会输出高电平。当比较器的 IN^+ 小于 IN^- 时，比较器的 OUT 会输出低电平。

所以当使用电位器 R_{P1} 设置好基准电压后，如果气体传感器输出的模拟量值小于基准电压，比较器 U_1 会输出高电平，发光二极管熄灭，此时不报警；如果有害气体增多，气体传感器输出的模拟量值会大于 R_{P1} 的基准电压，比较器 U_1 会输出低电平，发光二极管点亮，此时报警。DOUT 为低电平报警有效。AOUT 为有害气体越多，电压越高。

2. 印制电路板图

印制电路板由元器件面和焊接面双面印制板组成。放置元器件的这一面称为元器件面；用于布置印制导线和进行焊接的这一面称为焊接面，如图 5-51 所示。

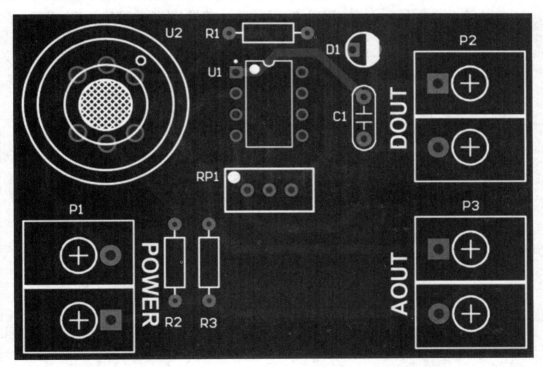

（a）

图 5-51　印制电路板
（a）元器件面

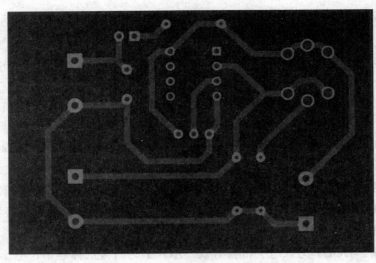

（b）

图 5-51　印制电路板（续）

（b）焊接面

印制电路板图表示了电路原理图中各元器件在电路板上的分布状况和具体位置，给出了各元器件引脚之间连线（铜箔线路）的走向。

3．元器件清单

水厂有害气体检测仪元器件清单见表 5-5。

表 5-5　水厂有害气体检测仪元器件清单

序号	名称	型号规格	位号	数量
1	电阻	1 kΩ	R_1、R_3	2 个
2	电阻	5.1 Ω	R_2	1 个
3	电位	10 kΩ	R_{P1}	1 个
4	瓷片电容	0.1 μF	C_1	1 个
5	发光二极管	ϕ3，红	D_1	1 个
6	芯片座	8P	U_1	1 个
7	比较器	LM393	U_1	1 个
8	气体传感器	MQ-2	U_2	1 个
9	接线端子	—	P_1、P_2、P_3	3 个
10	印制电路板	—	—	1 块
11	电路原理图及装配说明	—	—	1 份

三、元器件的识别与检测

为了提高产品的质量和可靠性，在电子产品整机装配前，所用的元器件都必须经过检测，检测内容包括静态和动态。

静态：检查元器件表面有无损伤、变形，几何尺寸是否符合要求，型号规格是否与元器件清单（表 5-5）中所列相符。

动态：通过万用表检测元器件的电气性能是否符合规定的技术条件。

1．电阻类

通过电阻的色环读出电阻值并用万用表进行测量，检查其数量、参数是否与元器件清单（表 5-5）一致。

2．电容类

如图 5-52 所示，通过电容的标识读出电容量并用万用表电容挡进行测量，检查其数量、参数是否与元器件清单（表 5-5）一致。

图 5-52　瓷片电容 C_1 符号及实物图

3．发光二极管

观察发光二极管的外观有无破损，并用万用表二极管挡进行测量，检查其数量、参数是否与元器件清单（表 5-5）一致。

4．气体传感器

如图 5-53 所示，MQ-2 气体传感器 U_2 采用在清洁空气中导电率较低的二氧化锡（SnO_2），属于表面离子式 N 型半导体。当 MQ-2 气体传感器工作在 $200 \sim 300 \ ℃$ 环境时，二氧化锡吸附空气中的氧，形成氧的负离子，使半导体中的电子密度减小，从而使其电阻值增加。当与烟雾接触时，如果晶粒间界处的势垒收到的烟雾浓度发生变化，就会引起表面导电率的变化。利用这一点就可以获得这种烟雾存在的信息，烟雾的浓度越大，导电率越大，输出电阻越低，则输出的模拟信号就越强。MQ-2 气体传感器的探测范围极其广泛，常用于家庭和工厂的气体泄漏监测装置，适用于液化气、苯、烷、酒精、氢气、烟雾等的探测。

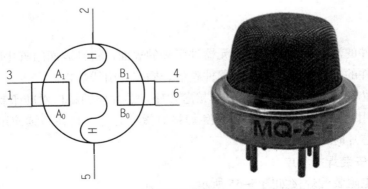

图 5-53　MQ-2 气体传感器 U_2 符号及实物图

5．比较器

比较器的主要功能：如图 5-54 所示，对两个输入电压进行比较，以它们的大小关系来决定比较器的输出电压。当同向输入电压大于反向输入电压时，比较器输出高电平；当同向输入电压小于反向输入电压时，比较器输出低电平。当输入电压的差值增大或减小且正负符号不变时，其输出保持恒定。

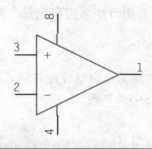

图 5-54　比较器 U_1 符号及实物图

四、电路元器件的装配与焊接

1．装配

先进行电气装配，再进行机械装配。具体要求如下。

（1）对照图 5-51 检查印制电路板有无毛刺、缺损，焊点是否氧化。

（2）对照图 5-49 所示原理图及图 5-51 所示印制电路板图，确定每个组件的位置。

（3）装配顺序：电阻、瓷片电容、发光二极管、芯片座、电位器、接线端子、气体传感器。

2．焊接

（1）元器件的清洁：用锯条轻刮元器件引脚的表面，将其表面的氧化层全部去除。

（2）元器件的安装焊接过程：元器件整形、插装、引线焊接。

（3）焊接芯片座 U_1 时，注意要先焊接芯片座，芯片座的缺口对准印制电路板丝印的缺口焊接。使用芯片座的优点是可以避免焊接时烫坏芯片，且在后续使用过程中如果芯片损坏，替换芯片时比较方便。

3．元器件安装焊接顺序

步骤一：电阻装配焊接如图 5-55 所示。

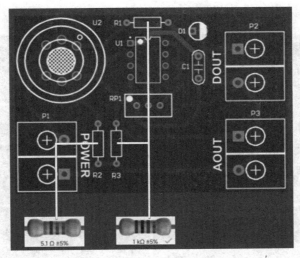

图 5-55　电阻装配焊接示意图

步骤二：瓷片电容装配焊接如图 5-56 所示。

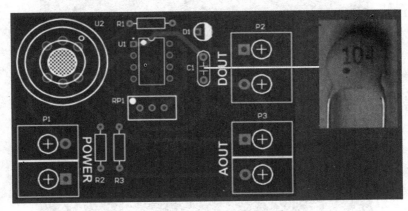

图 5-56　瓷片电容装配焊接示意图

步骤三：发光二极管装配焊接如图 5-57 所示。

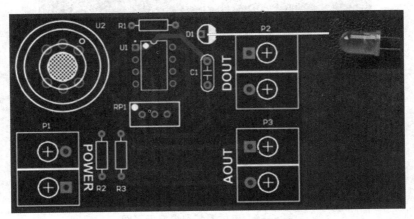

图 5-57　发光二极管装配焊接示意图

步骤四：芯片座和芯片装配焊接如图 5-58 所示。

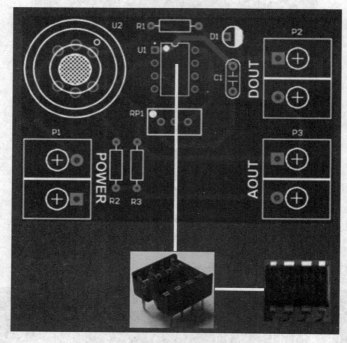

图 5-58 芯片座和芯片装配焊接示意图

步骤五：电位器装配焊接如图 5-59 所示。

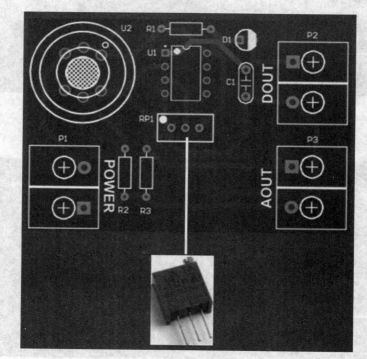

图 5-59 电位器装配焊接示意图

步骤六：接线端子和气体传感器装配焊接如图 5-60 所示。

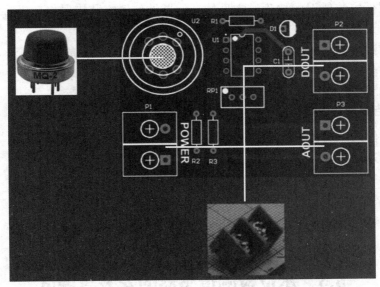

图 5-60　接线端子和气体传感器装配焊接示意图

五、水厂有害气体检测仪的调试与维修

1. 调试过程

（1）测量。用万用表通断挡检测输入端、输出端，若万用表蜂鸣器不报警，则可以通电。

（2）通电。首先用万用表直流电压挡检测输入端电压，应为 5 V；然后继续用直流电压挡检测 DOUT 输出端电压，输出应为 0 或 5 V；最后测量 AOUT 输出端电压，输出应为 0～4 V。

（3）设定报警值。将传感器放置在良好环境中，调节电位器 R_{P1}，使发光二极管点亮，此时 DOUT 输出 0 V；然后反方向调节电位器 R_{P1}，使发光二极管 D_1 熄灭，此时 DOUT 输出 5 V。报警值调整完成。

2. 常见故障排除

输出端无输出电压。如果是 DOUT 端无输出电压，可能是比较器 LM393 损坏；如果是 AOUT 端无输出电压，可能是气体传感器损坏。

 任务实施中的常见问题及其对策

（1）整机调试中的故障以焊接和装配故障为主。

（2）整机调试过程中，故障多出现在元器件、线路和装配工艺等方面。

（3）故障查找的常用方法：观察法、测量法、比较法、替换法、信号法、加热或冷却法等。

 任务小结

（1）根据表 5-5 水厂有害气体检测仪元器件清单，检查是否缺少元器件。

（2）元器件损坏故障。焊接前要按表 5-5 对所有的元器件进行检测。

（3）元器件安装错误的故障。常见的有元器件位置安装错误，二极管、三极管的引脚极性装错，元器件漏装等。

（4）检查焊接故障。常出现的焊接故障有漏焊、虚焊、错焊和桥接等。

（5）装配故障。常见的有机械安装位置不当、错位和卡死等。

任务报告要求

（1）元器件的识别和测量。

（2）焊接过程。

（3）有害气体检测仪的报警原理（详细描述）。

（4）有害气体检测仪的安装步骤及其方法。

（5）在安装与调试有害气体检测仪过程中所遇到的问题及其解决方法。

5.5 水位检测传感器的安装与调试

任务描述

一、概述

水位检测传感器是用来检测水位高低的传感器，通过传输信号可以让上位机等设备知道当前的水量，以做出不同的操作。该水位检测传感器具有安装调试方便、工作稳定、灵敏度高、耐用、寿命长等特点。

二、目标

（1）熟悉印制电路板焊接技能与技巧。

（2）学会识读电子产品原理图和装配过程中的各种图表。

（3）掌握电子元器件的识别、检测、加工及安装方法。

（4）掌握水位检测传感器的装配与调试方法。

任务实施

一、所需器材

（1）水位检测传感器套件：1 套。

（2）万用表：1 块。

（3）电烙铁、烙铁架、斜口钳、尖嘴钳、镊子、十字螺丝刀、小刀、砂纸等工具：1 套。

二、识读水位检测传感器电路原理图和装配过程中的各种图表

1. 电路原理

（1）电路原理图。水位检测传感器电路原理图如图 5-61 所示。

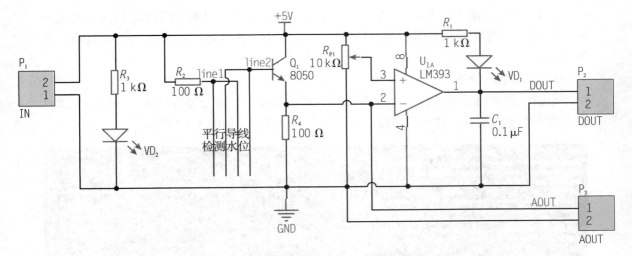

图 5-61　水位检测传感器电路原理图

（2）电路方框图。电路方框图如图 5-62 所示。

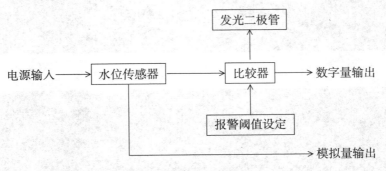

图 5-62　电路方框图

（3）电路原理介绍。如图 5-61 所示，水位传感器是通过具有一系列的暴露的平行导线线迹测量其水滴 / 水量大小从而判断水位的。水位覆盖平行线的距离长，平行线的导电性就越好，输出电压就越高。

（4）电路基本工作过程。如图 5-61 所示，电源由 P_1 输入，电压为 5 V，给整个系统供电。输入端还加入一个发光二极管 VD_2，用来提示当前系统是否已经通电。

通过一组暴露的平行导线来检测当前水位，被水覆盖的平行线越多，平行线的电阻就越小，三极管输出的模拟量就会越大。

水位传感器输出的模拟量引出到 AOUT（模拟量输出端）和比较器的 IN^-，比较器的 IN^+ 连接一个可调电位器，用来调整基准电压。

当比较器的 IN^+ 大于 IN^- 时，比较器会输出高电平。当比较器的 IN^+ 小于 IN^- 时，比较器会输出低电平。

所以当使用电位器 R_{P1} 设置好基准电压后，如果水位传感器输出的模拟量值小于基准电压，比较器会输出高电平，发光二极管 VD_1 熄灭，此时不报警；如果水位上升，水位传感器输出的模拟量值会大于 R_{P1} 的基准电压，比较器的 OUT 会输出低电平，发光二极管点亮，此时报警。DOUT 为低电平报警有效。AOUT 为水位越高，电压越高。

2. 印制电路板图

印制电路板由元器件面和焊接面双面印制板组成。放置元器件的这一面称为元器件面；用于布置印制导线和进行焊接的这一面称为焊接面，如图 5-63 所示。

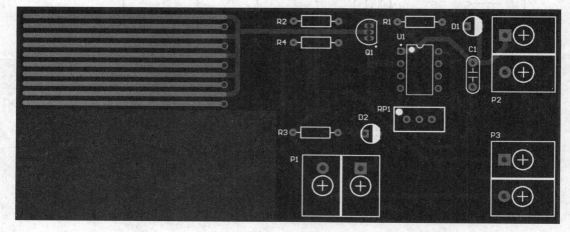

（a）

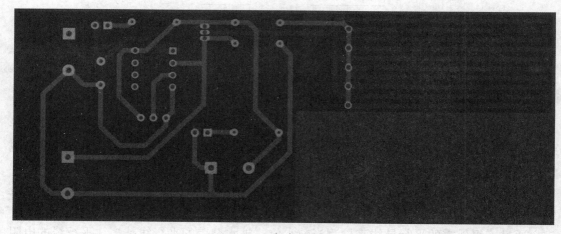

（b）

图 5-63　印制电路板

（a）元器件面；（b）焊接面

印制电路板图表示了电路原理图中各元器件在电路板上的分布状况和具体位置，给出了各元器件引脚之间连线（铜箔线路）的走向。

3．元器件清单

水位检测传感器元器件清单见表5-6。

表5-6　水位检测传感器元器件清单

序号	名称	型号规格	位号	数量
1	电阻	1 kΩ	R_1、R_3	2个
2	电阻	100 Ω	R_2、R_4	2个
3	电位器	10 kΩ	R_{P1}	1个
4	瓷片电容	0.1 μF	C_1	1个
5	发光二极管	φ3，红	D_1、D_2	2个
6	三极管	8050	Q_1	1个
7	芯片座	8P	U_1	1个
8	比较器	LM393	U_{1A}	1个
9	接线端子	—	P_1、P_2、P_3	3个
10	印刷电路板	—	—	1块
11	电路原理图及装配说明	—	—	1份

三、元器件的识别与检测

为了提高产品的质量和可靠性，在电子产品整机装配前，所用的元器件都必须经过检测，检测内容包括静态和动态。

静态：检查元器件表面有无损伤、变形，几何尺寸是否符合要求，型号规格是否与元器件清单（表5-6）中所列相符。

动态：通过万用表检测元器件的电气性能是否符合规定的技术条件。

1．电阻类

通过电阻的色环读出电阻值并用万用表进行测量，检查其数量、参数是否与元器件清单（表5-6）一致。

2．电容类

通过电容的标识读出电容量并用万用表电容挡进行测量，检查其数量、参数是否与元器件清单（表5-6）一致。

3．发光二极管

如图5-64所示，观察发光二极管的外观有无破损，并用万用表二极管挡进行测量，检查其数量、参数是否与元器件清单（表5-6）一致。

图 5-64　发光二极管 D_1、D_2 符号及实物图

四、电路元器件的装配与焊接

1．装配

先进行电气装配，再进行机械装配。具体要求如下。

（1）对照图 5-63 检查印制电路板有无毛刺、缺损，焊点是否氧化。

（2）对照图 5-61 所示原理图及图 5-63 所示印制电路板图，确定每个组件的位置。

（3）装配顺序：电阻、瓷片电容、发光二极管、三极管、芯片座、电位器、接线端子。

2．焊接

（1）元器件的清洁：用锯条轻刮元器件引脚的表面，将其表面的氧化层全部去除。

（2）元器件的安装焊接过程：元器件整形、插装、引线焊接。

（3）焊接时，发光二极管有正负极，引脚一般是长正短负，注意区分，避免焊反。

3．元器件安装焊接顺序

步骤一：电阻装配焊接如图 5-65 所示。

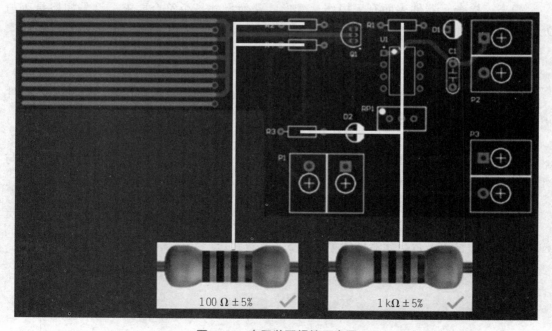

图 5-65　电阻装配焊接示意图

步骤二：瓷片电容装配焊接如图 5-66 所示。

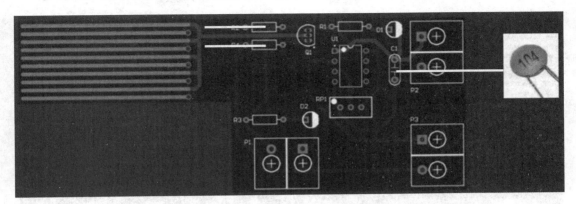

图 5-66 瓷片电容装配焊接示意图

步骤三：发光二极管装配焊接如图 5-67 所示。

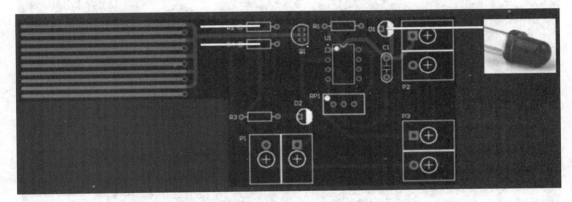

图 5-67 发光二极管装配焊接示意图

步骤四：三极管装配焊接如图 5-68 所示。

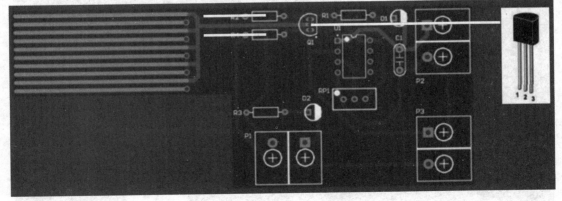

图 5-68 三极管装配焊接示意图

步骤五：芯片座和芯片装配焊接如图 5-69 所示。

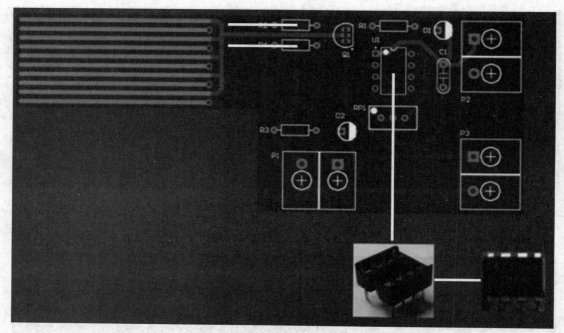

图 5-69　芯片座和芯片装配焊接示意图

步骤六：电位器装配焊接如图 5-70 所示。

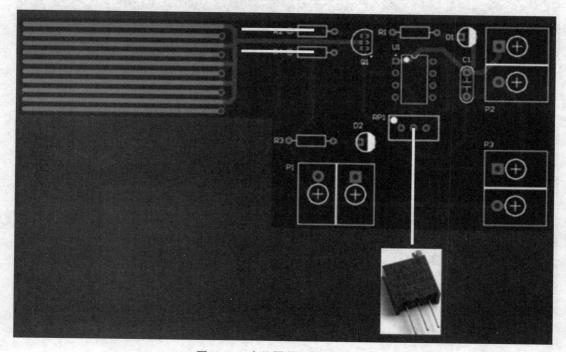

图 5-70　电位器装配焊接示意图

步骤七：接线端子装配焊接如图 5-71 所示。

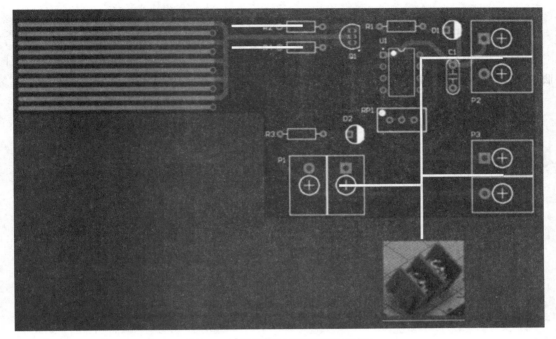

图 5-71　接线端子装配焊接示意图

五、水位检测传感器的调试与维修

1．调试过程

（1）测量。用万用表通断挡检测输入端、输出端，若万用表蜂鸣器不报警，则可以通电。

（2）通电。首先用万用表直流电压挡检测输入端电压，应为 5 V；然后继续用直流电压挡检测 DOUT 输出端电压，输出应为 0 V 或 5 V。最后测量 AOUT 输出端电压，输出应为 0～5 V。

（3）设定报警值。将传感器放入水中，使水淹没传感器的一半，调节电位器 R_{P1}，使发光二极管点亮，此时 DOUT 输出 0 V；然后反方向调节电位器 R_{P1}，使发光二极管熄灭，此时 DOUT 输出 5 V。报警值调整完成。

2．常见故障排除

输出端无电压输出。如果是 DOUT 端无输出电压，可能是比较器 LM393 损坏；如果是 AOUT 端无输出电压，可能是三极管损坏。

 任务实施中的常见问题及其对策

（1）整机调试中的故障以焊接和装配故障为主。

（2）整机调试过程中，故障多出现在元器件、线路和装配工艺等方面。

（3）故障查找的常用方法：观察法、测量法、比较法、替换法、信号法、加热或冷却法等。

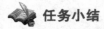 **任务小结**

（1）根据表 5-6 水位检测传感器元器件清单，检查是否缺少元器件。

（2）元器件损坏故障。焊接前要按表 5-6 对所有的元器件进行检测。

（3）元器件安装错误的故障。常见的有元器件位置安装错误，二极管、三极管的引脚极性装错，元器件漏装等。

（4）检查焊接故障。常出现的焊接故障有漏焊、虚焊、错焊和桥接等。

（5）装配故障。常见的有机械安装位置不当、错位和卡死等。

任务报告要求

（1）元器件的识别和测量。

（2）焊接过程。

（3）水位检测的原理（详细描述）。

（4）水位检测传感器的安装步骤及方法。

（5）在安装与调试水位检测传感器过程中所遇到的问题及其解决方法。

下篇　企业拓展篇

项目6　控制系统的安装与调试

学习目标

1. 知识目标

（1）熟悉水位自动控制系统的调试；

（2）熟悉充电桩控制系统的安装、焊接与调试；

（3）掌握控制系统的组成，能确定系统的被控量、给定量和反馈量。

2. 能力目标

（1）掌握通过系统工作原理分析系统工作过程的能力，综合理解系统功能；

（2）掌握可编程控制系统的分析、编程与调试；

（3）掌握模拟量输入输出模块的程序分析与编制；

（4）能进行充电桩控制系统电路的调整与故障诊断分析。

3. 素质目标

（1）遵守国家法律、法规和相关规章制度，遵守相应的安全管理制度和操作规程，坚持安全生产；

（2）培养学生养成良好的心理素质、较强的责任心、高度的责任感、严格的时间观念，具有吃苦耐劳和严谨科学的工作态度；

（3）培养学生人际交往、协调能力和团队合作精神；

（4）培养学生语言表达能力、创新意识和创新精神。

6.1　水位自动控制系统的调试

6.1.1　产品概述

该装置主要由操作平台和部件安装单元、工艺和仪表单元、配电系统单元等组成，能完成单回路的液位控制、流量控制、压力控制、恒压控制和温度控制，同时还可完成仪器仪表的操作和使用，能完全满足《检测技术及仪表》《控制仪表》以及《过程控制原理》等课程的教学要求，也可适用于企业仪表工程师、电工等工种的培训和考核。

水位自动控制系统介绍

该装置采用工业中最常用的水泵、变频器、电动调节阀、流量计、温度变送器、压力变送器和液位变送器，工业特性强。学生可以学习仪器仪表原理、接线、校准、特性测量，还可以结合控制器，自由组合出控制回路，然后进行控制系统调节。装置中所有检测和执行仪器，以及相关管都可以自由拆卸，从而自由组合搭建。连接管路时采用快接管件，这样拆断和连接水路时动作简单。水位自动控制系统如图6-1所示。

6.1.2　平台整体主要技术参数

（1）外形尺寸：1 300 mm×840 mm×1 740 mm（$L×W×H$）。

（2）电源：三相五线（380 V±10% 50 Hz）。

（3）功率：≤ 1 kVA。

（4）工作温度：− 5 ～ 55 ℃。

（5）工作湿度：30% ～ 85%（无冷凝）。

（6）装置设有以下保护功能：

①接地保护功能；

②过载保护功能；

③短路保护功能；

④急停保护功能。

6.1.3　装置特点

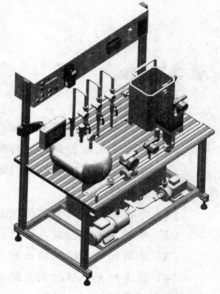

图 6-1　水位自动控制系统

（1）综合性。该实训装置涵盖了基本过程控制系统中所涵盖的器件，为实训技能和日常学习提供了各个方面的选择。

（2）合理性。对于人机交互界面、手动阀开度等器件，为了便于操作和观察，分别将人机交互界面安装在支架上，手动阀开度采用带刻度盘的手动阀，更加方便对开度大小的控制。

（3）集成性。整个实训装置采用集成式结构，所有器件均已在内部进行集成。

（4）正确性。实训装置出厂状态为安装、接线、调试完好，以保证器件、线路、电机等系统匹配的正确性。

6.1.4　基本配置及功能

工业自动化仪器仪表实训装置由铝型材桌体、桥式控制盒、电源单元、按钮单元、PLC 控制单元、人机交互单元、变频器单元、智能仪表单元、供水水箱、水罐、圆罐、卧式多级泵、卧式循环泵、透明容器、传感器、电动调节阀、涡轮流量计、压力变送器、加热单元、管路系统和接口模块等组成。

6.1.5　调试

1．电源系统

在进行通电调试时，首先需要符合电工的安全操作标准，使用右手进行通电操作。通电完成后，观察电源指示灯变化。正常情况下，绿色的电源指示灯点亮。

2．水槽和水箱液位

水槽和水箱内部均设有水位限位，通过上下限位可以控制水位平衡，避免出现水位溢出或过低的现象。受液体压力的影响，需要时常查验作为上下限位的传感器，测试信号是否正常。

3．泵

设备中包括两种泵，分别为卧式多级泵、卧式循环泵。这里的卧式多级泵是通过变频器 G120C 驱动的；卧式循环泵是一种基础的交流循环泵。卧式多级泵需要在使用前进行排气，使泵内的气压达到平衡，从而达到合理的水流速度。

4．线性电动阀门执行器

线性电动阀门执行器如表 6-1 所示。

表 6-1　线性电动阀门执行器

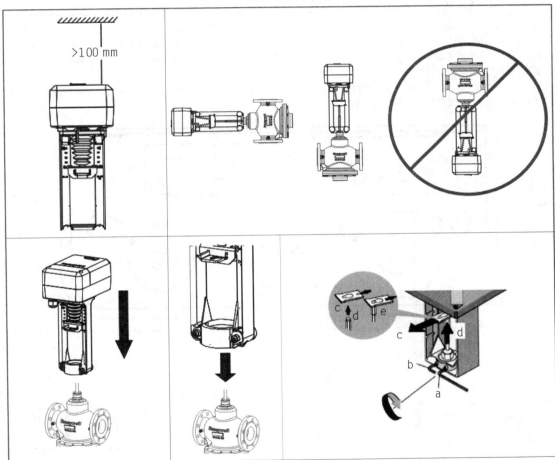

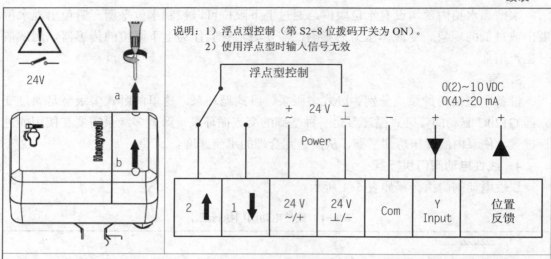

说明：1）浮点型控制（第 S2-8 位拨码开关为 ON）。
　　　2）使用浮点型时输入信号无效

1）通电自适应（出厂默认设置）：执行器供电后直接进入自适应模式，此时执行器 PCB 中指示灯闪烁（1 Hz），执行器将自动全关（运行到底部）然后全开（运行到顶部）。指示灯不再闪烁表示过程完成。此过程完成后，执行器运行到指定控制信号位置。

2）手动自适应（S2-7 位拨码开关为 OFF）：按住电路板上的按钮 S1 约 5 s，直到指示灯开始闪烁（1 Hz），此时进入自适应模式，现象与通电自适应一致

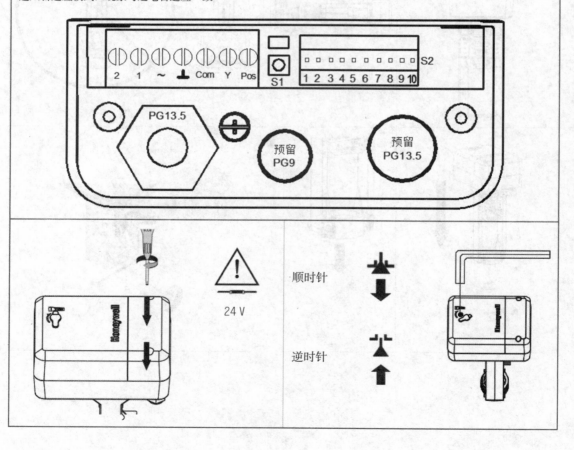

拨码开关与对应功能描述见表 6-2。

表 6-2 拨码开关与对应功能描述

拨码	功能	设定值功能描述	
S2-1	控制 / 反馈信号设定	ON	20%：控制 / 反馈信号为 4~20 mA 或 DC 2~10 V
		OFF	0：控制 / 反馈信号为 0~20 mA 或 DC 0~10 V（默认设置）
S2-2	控制信号类型设定	ON	II：电流控制
		OFF	UI：电压控制（默认设置）
S2-3	控制信号输入阻抗匹配设定	ON	UI：控制信号为电压（默认设置）
		OFF	II：控制信号为电流
S2-4	阀位反馈信号类型设定	ON	IO：反馈电流信号
		OFF	UO：反馈电压信号（默认设置）
S2-5	工作模式设定	ON	DA：控制信号增大时执行器向下运动，控制信号减小时执行器向上运动
		OFF	RA：控制信号增大时执行器向上运动，控制信号减小时执行器向下运动（默认设置）
S2-6	断信号模式设定	ON	DW：控制信号为电压或电流时，如信号线被切断，执行器内部会自动提供一个最小控制信号（默认设置）
		OFF	UP：1）控制信号设定为电压时，如信号线被切断，执行器内部会自动提供一个最大控制信号；2）控制信号设定为电流时，如信号线被切断，执行器内部会自动提供一个最小控制信号
S2-7	自适应模式设定	ON	DF：通电自适应模式（默认设置）
		OFF	RF：手动自适应模式
S2-8	控制模式设定	ON	浮点型控制
		OFF	比例调节型控制（默认设置）
S2-9	保留	—	—
S2-10	速度设定	ON	高速：3 s/mm；高速：2 s/mm
		OFF	低速：4 s/mm；低速：3 s/mm（默认设置）

6.2 充电桩控制系统的安装、焊接与调试

6.2.1 产品概述

CTATC-DSC-1 型晶闸管控制实训装置，可供充电桩等大功率可调直流电源使用，

也可用于拖动直流电动机调速。以晶闸管整流器将交流电整流成为可调直流电，并引入电压负反馈、电流截止负反馈等，组成稳定的电源调节系统。

本系列设备主电路采用三相全控桥，用交流电流互感器检测负载电流。设备内装有保护报警电路，当快速熔断器熔断时，直流输出过流或短路，保护电路发出指令，可自动切断主电路电源，同时故障指示灯点亮，直至操作人员切断控制装置电源，故障指示灯才可熄灭。保护电路的设置提高了设备运行的安全性。

充电桩控制系统采用柜式结构，柜内最下层安装整流变压器，其他部件自下而上分层安装于柜内的立柱上，如图 6-2 所示。

6.2.2 控制系统的组成

控制系统由以下部分组成。

（1）主电路整流变压器、快速熔断器；

（2）继电顺序控制电路、短路保护熔断器；

（3）缺相保护报警采样电路；

图 6-2 充电桩控制系统

（4）同步变压器、短路保护熔断器；

（5）检测电路：使用交流电流互感器检测负载电流的变化，为过流保护电路、电流截止负反馈电路提供取样信号；

充电桩控制系统介绍

（6）门极触发脉冲隔离电路：由脉冲变压器、阻容保护电路和保护二极管组成；

（7）反馈电压取样电路；

（8）给定电路；

（9）指示器件和操作器件；

（10）直流电源电路：可提供三组直流电源 +15 V、-15 V 和 +24 V；

（11）示波器与万用表：用来对整个系统电压以及波形进行测量，根据测量结果，调整参数。示波器采用 UTD21 系列示波器，带宽 100 MHz、2 个通道、主频达到 1 GSa/s、7 in 彩屏、标配探头 UT-P04。

6.2.3 调试

晶闸管控制系统在通电调试前，应先对整机（包括接线提示、绝缘、冷却等方面）进行全面的检查，确认无误后方可通电。

1．校对电源相序

用示波器（或相序表）校对主电源与同步变压器的相序是否对应。使用示波器时，要特别注意安全保护，应将电源接地端断开，但此时机壳带电，必须注意对地绝缘，以防人身触电。

2．继电控制电路

接通电源，按规定顺序操作面板上的按钮，检查继电器的工作状态和控制顺序是否正常，此时各控制板均已拆下，不工作。

（1）开机操作顺序。接通标有"控制电路接通"的主令开关 SA1，控制回路接触器线圈 KM2 得电，常开触点闭合，控制回路电源接通。

接通标有"主电路接通"的主令开关 SA2，主回路接触器线圈 KM1 得电，常开触点闭合，整流变压器 B1 得电，并将三相交流电送至晶闸管整流桥输入端，同时励磁电源得电。

按下标有"给定回路得电"按钮 SB2，给定回路继电器线圈 KA 得电，常开触点闭合，给定回路电源接通。

（2）停机操作顺序。按下"给定回路断开"按钮，给定电路被切断。

关断"主电路接通"主令开关 SA2，线圈 KM1 失电，常开触点断开，切断主电路电源。

关断"控制电路接通"主令开关 SA1，线圈 KM2 失电，常开触点断开，切断控制电路电源。

3．对各控制板的调试

（1）电源板。电源板主要由整流桥（Q1 ～ Q3）组成的桥式整流电路，滤波后接集成稳压器 LM7815 和 LM7915 的输入端，其输出为各控制板及脉冲变压器提供电源，如图 6-3 所示。

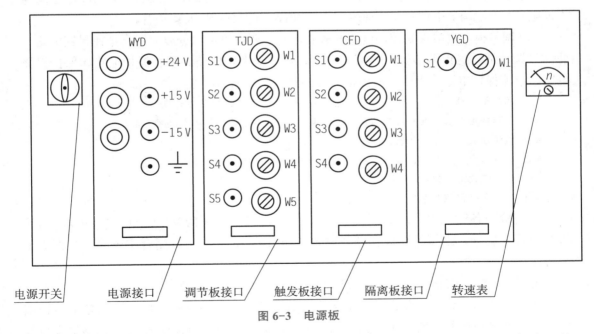

图 6-3　电源板

首先检查各输入量是否正常。将转接线插入电源板的插座内，接通电源，闭合"控制电路接通"主令开关，使用万用表逐点测量各输入电压是否正常（200——线对 227、228、229、230、231、232——线应为交流电压 17 V），断电后将电源板安装好，再次闭合控制电路，测量各输出电压是否正确，即有无 +24 V，+15 V，–15 V 输出（S4 测试点对 S1 测试点应为 24 V，对 S2 测试点应为 +15 V，对 S3 测试点应为 –15 V）；如果数值正确，前面板的三个发光二极管应正常发亮。前面板的各测试点的含义如下：

S1：+24 V 测试点　　S2：+15 V 测试点

S3：–15 V 测试点　　S4：参考电位测试点

（2）隔离板。首先检查各输入量是否正常，即 +15 V 是否正常，接线是否正确。而后插入电源板和隔离板，此时主电路尚未工作，所以 44# 线与 45# 线均无电压。闭合控制电路应有蜂鸣声，则表示振荡变压器工作正常，2kHz 方波已经产生。前面板的各电位器和测试点的含义如下：

W1：电压反馈值调整电位器　　S1：电压反馈值测试点

（3）触发板。触发板主要为晶闸管提供双窄脉冲。前面板的各电位器和测试点的含义如下：

WA：斜率（U 相的斜率）电位器　　S1：斜率值（U 相）

WB：斜率（V 相的斜率）电位器　　S2：斜率值（V 相）

WC：斜率（W 相的斜率）电位器　　S3：斜率值（W 相）

WP：偏置电压（初相角）电位器　　S4：偏置电压值

此时，由于没有安装调节板，所以 U_k=0。闭合控制电路，首先用转接线分别测量各输入量是否正确，即 +15 V，–15 V，U_{ta}，U_{tb}，U_{tc}，0，正确后断电，将触发板安装好，再次闭合控制电路，调节电位器 W1，W2，W3，并测量各测试点 S1，S2，S3 电压均为直流电压 6 V，调节电位器 W4 即改变 U_p 的值，调节 U_p 到 –6 V 左右。

（4）调节板。调节板是控制电路的核心，它主要由给定积分放大器、零速封锁电路、滤波型调节器、速度调节器、电流调节器、过电流整定电路、缺相保护电路、保护报警电路、过流保护电路等组成。前面板的各调节电位器和测试点的含义如下：

W1：正限幅电位器，其整定值为最小整流角　　S1：电压给定值测试点

W2：负限幅电位器，其整定值为最小逆变角　　S2：PI 调节器输出值测试点

W3：截流值大小调整电位器　　S3：过流值测试点

W4：过流值大小调整电位器　　S4：截流值测试点

W5：过流值设定电位器

W6：给定积分值调整电位器（在线路板上）

首先检查各输入量是否正常，–15 V，+15 V，U_g=0 ～ 10 V，U_{fu}=0，Q_x=0 V，而后将调节板安装好，把短路环放在开环位置，测量 U_k=0 ～ 10 V。闭合主电路，观察输出是否连续可调。

①开环调整（阻性负载）：各板调整好以后，进行整机联调。

初始相位角的调整。将四块功能板安装好，将调节板置于开环状态，给定电位器调至最小，并接通控制电路、主电路和给定电路，调节给定电位器使 U_g=0，调整触发板的电位器 WP，使 U_d=0，初始相位角调整结束。

调节给定电位器，逐渐加大给定电压至最大值，观察电压表的变化，电压指示应连续增加至 300 V，且线性可调。

确定各反馈量的极性。调节给定电位器，使主电路有直流输出，测量各反馈量的极性是否正确，$U_{fu}=0\sim10$ V。

至此系统开环状态已调整好。其正常状态为：

$U_{WA}=6$ V，$U_{WB}=6$ V，$U_{WC}=6$ V，$U_{WP}=-6$ V；$U_g=0\sim10$ V，$U_d=0\sim300$ V，且连续可调；负载电流表有一定的电流值。

注：参数为参考电压值，不同负载可能参数整定有偏差。

②闭环调试：将隔离板上的电位器 W1（逆时针）调到最大（即取消反馈电压）；将调节板上的电位器 W1 调至限幅值为 5 V 左右；调节给定电位器，逐渐加大给定电压使给定值达到最大，输出电压应为最大（即 $U_d=300$ V）；调节调节板上的电位器 W1，使输出电压 $U_d=270$ V；逐渐加大隔离板上的电位器 W1（顺时针），使输出电压 $U_d=220$ V，此时闭环调整结束。其正常状态为：

$U_{WA}=6$ V，$U_{WB}=6$ V，$U_{WC}=6$ V，$U_{WP}=-6$ V；限幅值为 5 V 左右；$U_g=0\sim10$ V，$U_d=0\sim220$ V，且连续可调；负载电流表有一定的电流值。

③带电阻箱负载时，过流值的整定和截流值的整定。

过流值的整定：将调节板上的电位器 W5 的输出电压调到 6～7 V，闭合各电路，调节给定电位器，使输出电压达到 220 V；增加负载（即调节电阻箱的阻值），负载电流增加，当电流表指示电流值达到设定额定电流值的 2.2 倍时，停止增加负载；调整调节板上的电位器 W4，使保护电路动作，即切断主电路，故障指示灯亮；调节板上的电位器 W4 的电压值为过流值的整定值。切断控制回路，将电阻箱的阻值复原。

截流值的整定：将调节板上的电位器 W3 顺时针调到最大，闭合各电路，调节给定电位器，使输出电压达到 220 V；增加负载（即调节电阻箱的阻值），负载电流增加，当电流表指示电流值达到设定额定电流值的 1.5 倍时，停止增加负载；调整调节板上的电位器 W3（逆时针），当电压表数值开始减小时，停止调节电流截止电位器 W3，再增加负载，此时负载电流基本保持不变，而输出电压却在下降。截流值的整定调试完毕。

6.2.4 操作及注意事项

1．启动

（1）闭合主令开关 SA1（本身带自锁），线圈 KM2 得电，主触点闭合，将 U，V，W 和 36，37，38 接通，使同步和电源变压器得电，控制电路开始工作。36# 线得电和线圈 KM2 辅助常开触点的闭合，为主电路和给定回路的接通做好准备。

（2）闭合主令开关 SA2（本身带自锁），线圈 KM1 得电。主触点接通三相电源与主变压器得电。KM1 的辅助常开触点闭合。

（3）按下按钮 SB2，给定回路接通，线圈 KA 得电自锁，启动完成。

（4）调节给定电位器，逐渐增加至最大。

注意事项：使控制电路接触器线圈 KM2 始终接通，保证主电路得电时，控制电路不能被切断，为给定回路的接通做好准备。

2．停止

（1）调节给定电位器，逐渐减至最小。

（2）按下按钮 SB1，切断给定回路。

（3）断开主令开关 SA2，切断主电路。

（4）断开主令开关 SA1，切断控制电路。

注意事项如下。

（1）在进行继电线路和各功能板首次调试时，应断续供电，以免存在故障损坏设备。

（2）调节反馈量时，负反馈应从最强位置往小调节。

（3）调节锯齿波斜率时，应以示波器为准。

（4）设备在出厂时均经过系统调整，符合技术条件，使用前一般无须调整，若因搬运或久置，使电位器锁紧螺母松动及某些部位接触不实而影响正常工作，如需复调可参照下述步骤进行。晶闸管控制系统调试的一般步骤：先测试单元电路，后整机测试；先开环调试，后闭环调试；先轻载调试，后满载调试。

3．操作安全

（1）电气操作人员应思想集中，电器线路在未经测电笔确定无电前，应一律视为"有电"，不可用手触摸，不可绝对相信绝缘体，应认为有电操作。

（2）工作前应详细检查自己所用工具是否安全可靠，穿戴好必需的防护用品，以防工作时发生意外。

（3）工作中所有拆除的电线要处理好，带电线头包好，以防发生触电。

（4）检查完工后，送电前必须认真检查，看是否合乎要求并和有关人员联系好，方能送电。

（5）发生火警时，应立即切断电源，用四氯化碳粉质灭火器或黄沙扑救，严禁用水扑救。

6.2.5 系统一般故障处理

当系统发生故障时，应立即切断系统的电源，并报告有关人员。表 6-3 列出了系统的常见故障现象及一般处理方法，可供维修时参考。

表 6-3　系统的常见故障现象及一般处理方法

序号	故障现象	故障区域（点）	排查方法（或原因）
1	线圈 KM1 不闭合	（1）U 相电压为零； （2）线圈 KM2 主触点没有闭合； （3）U 相保险及其电路断开； （4）线圈 SA2 无法闭合及接线断路； （5）线圈 KM2 常开触点闭合不上； （6）线圈 KM1 或外接线断路	测量方法：用万用表电压挡测量 U 到 N 是否为 220 V，若正常，则闭合主令开关 SA1 测量 KM2 闭合情况，再测量 36 到 N 是否为 220 V，最后闭合主令开关 SA2，测量 105、107、106 是否正常

序号	故障现象	故障区域（点）	排查方法（或原因）
2	线圈 KA 不闭合	（1）电源缺相 U 到 33； （2）线圈 KM2 主触点闭合不上，33 到 36； （3）按钮 SB1 开始，36 到 110； （4）按钮 SB2 无法闭合； （5）线圈 KM1 常开连锁触点无法闭合； （6）线圈 KA 或外部接线开始	
3	线圈 KA 不能自锁	按钮 SB1 无法断开或短路，36 到 110	
4	线圈 KM1 闭合，线圈 KA 闭合，并不停地闭合打开	线圈 KA 连锁常开或常闭	
5	没有输出电压，$U_d=0$	断开负载，晶闸管不能导通，电流 I_d 没有达到 I_h，可控硅不能导通	
6	电路保护启动	断开快速熔断器，缺相保护	
7	没有 +15 V 输出，其他正常	7815 的输入或输出断开	检查 7815 的输入电压正常，输出为 0，用电阻法检查接线
8	没有 −15 V 输出，灯不亮	7915 断开	
9	相序不正确，电压在小范围内可调波动	U_{ta}、U_{tb}、U_{tc} 的顺序改变	
10	对应该相脉冲没有输出	KCO4 损坏	根据 U_d 和 U_{vt} 波形判断故障
11	开环正常，闭环没有 U_k 输出，$U_d=0$	+15 V 或 −15 V 断开	LM324 没有电压，无法正常工作
12	通电，则保护电路工作	电位器 W5 的 +15 V 电源断开	比较电压过低
13	接通电源，电路保护	LM311 损坏	LM311 始终输出 +15 V，保护电路通电工作
14	没有 U_k 输出	LM324 损坏	给定积分器、比例放大器均损坏，$U_k=0$
15	振荡电路不工作，没有蜂鸣声	+15 V 断开	
16	没有反馈电压，隔离电路不工作	44# 或 45# 断开	
17	没有反馈电压输出	D5 或 D6 断开	振荡电路及隔离电路正常

项目 7 智能产线控制与运维系统

学习目标

1. 知识目标

（1）知道智能产线的概念；

（2）了解智能产线系统应用的关键技术；

（3）熟悉智能产线的整体设计思路。

2. 能力目标

（1）理解智能产线系统各模块的应用；

（2）掌握 PLC 编程技术及基本指令；

（3）学会安装、调试智能产线系统。

3. 素质目标

（1）培养学生动手能力，强化学生专业技能；

（2）激发学生创新能力，提高解决问题的能力；

（3）培养学生协同合作的团队精神。

7.1 产品预制

7.1.1 平台概述

智能产线控制与运维平台是在我国实施《中国制造 2025》和部署全面推进实施制造强国战略的背景下开发的系列产品，集合了工业互联网、工业大数据、工业网络安全、工业机器人、虚拟现实、数字化双胞胎等技术。它既是一套智能产线控制与运维研究平台，也是智能制造产线的典型应用平台。它实现了工艺、生产和业务数据的自动传输，采用数据模型分析、仿真模拟测试等，实现了高效、准确的数字化设计、数字化仿真模拟生产过程，实现了智能化生产、个性化定制、网络化协同、服务化延伸和数字化管理等诸多新模式。

智能产线控制与运维平台在总体结构上采用环形设计，主要包含供料、检测分类、打磨、音乐定制烧录、机器人装配、激光雕刻加工、仓储、MES、APP、云端数据服务等多个工艺对象，包含工业机器人、RFID、工业网关、工业网络、云数据服务、虚拟仿真、工业安全、能源管理、智能传感、机器视觉、PLC、变频、伺服、组态、人机接口以及系统操作、排故、运维等先进智能产线技术。

7.1.2　技术需求

1．模块化设计

系统涵盖技术广泛，采用模块化的结构，将智能产线的基本要素融合于每个单元，使每个单元具有标准化架构、模块组合、网络系统、网络组网和安全、RFID、MES 等。这样的结构，不仅能够不断地满足对技术发展的扩容需求，可以随时将新的技术、新的设备添加到系统之中，使得整个系统随时跟上并满足工业技术的发展，也可以分组进行相关的培训。每个工作单元包括了工业生产线的设计、组装、调试及优化、工业软件设计开发、工业网络组网及安全、MES 等应用课题。控制器采用模块化结构，接口标准，便于移动，既可用于本系统的控制，也可用于其他控制室中同类型设备或机构的控制，使学生不仅能进行基本指令训练，而且提供了特殊生产控制工艺流程，使学生能进行网络组网和安全、RFID、MES 等高级功能应用与训练。

2．集成式设计

系统中的工作单元采用集成式设计，每个单元中所涉及的各个传感器、电机、电磁阀等传感器和执行器的安装部件和接口单元独立地汇集成一体，同一个工作单元中各个器件通过标准接口再与控制器进行连接，这样便于模块和工作单元之间的灵活组合，教师及学生可自行设计不同的课题对平台的各单元进行重新组合，也可自行开发被控单元与平台配合使用。

3．多种保护形式

系统设有漏电保护、短路保护、急停保护、隔离保护、智能保护等各种保护功能，在培训的过程中可确保人身与设备的安全。

4．主要技术规格

规格尺寸：5 000 mm×3 500 mm×1 700 mm（$L×W×H$）。

供电电源：单相三线（220 V±10% 50 Hz）。

功率：≤ 3 kVA。

气源气压：0.4 ～ 0.6 MPa。

工作温度：0 ～ 45 ℃。

工作湿度：30% ～ 75%（无冷凝）。

7.1.3　模块分解

1．供料单元

供料单元在整个系统中属于起始工作站，为系统提供呼叫机上壳。它主要由 PLC 模块、变频调速模块、人机交互模块、双皮带输送模块、工装定位举升模块、工装缓冲模块、工装编码模块、智慧能源管理模块、呼叫机上壳供料模块、供料台、搬运机械手、多视角主令模块、智能电气接口模块、电源控制模块、型材桌体模块、空气压缩机以及附件等组成，如图 7-1 所示。

2．检测与分类单元

检测与分类单元由 S7-1200 PLC 模块、数字量扩展模块、V90 伺服模块、物料搬运手模块、分类输出模块、传感检测模块、双皮带输送模块、工装定位举升模块、工装缓冲模块、工装编码模块、智慧能源管理模块、型材桌体模块、多视角主令模块、智能电气接口模块、电源控制模块和附件等组成，如图 7-2 所示。

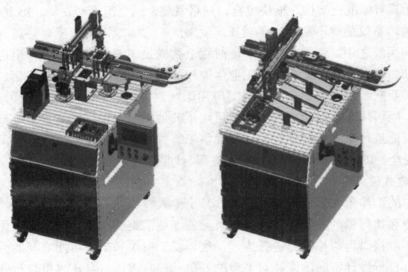

图 7-1　供料单元　　　　　　　　图 7-2　检测与分类单元

3．程序烧录装配单元

程序烧录装配单元由 S7-1200 PLC 模块、分布式远程 IO 模块、烧录压合工装夹具、烧录模块、烧录软件、压合模块、双皮带输送模块、工装定位举升模块、工装缓冲模块、工装编码模块、智慧能源管理模块、型材桌体模块、多视角主令模块、智能电气接口模块、电源控制模块和附件等组成，如图 7-3 所示。

图 7-3　程序烧录装配单元

4．工业机器人及打磨单元

工业机器人及打磨单元由 S7-1200 PLC 模块、分布式远程 IO 模块、工业机器人、工业机器人安全接口模块、打磨模块、仓储模块、工业安全模块、双皮带输送模块、工装定位举升模块、工装缓冲模块、工装编码模块、智慧能源管理模块、型材桌体模块、多视角主令模块、智能电气接口模块、电源控制模块和附件等组成，如图 7-4 所示。

5．激光雕刻单元

激光雕刻单元由 S7-1200 PLC 模块、分布式远程 IO 模块、激光雕刻机、激光雕刻电控系统、激光雕刻软件、激光烟雾净化模块、机器视觉检测模块、视觉调试软件、同轴光源、双皮带输送模块、工装定位举升模块、工装缓冲模块、工装编码模块、智慧能源管理模块、型材桌体模块、多视角主令模块、智能电气接口模块、电源控制模块和附件等组成，如图 7-5 所示。

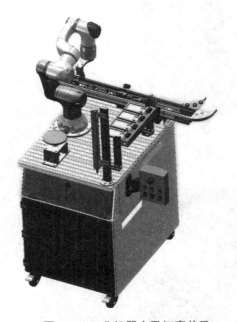 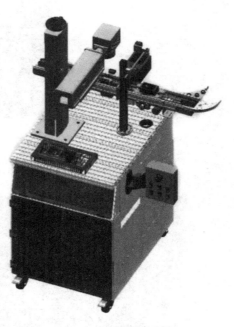

图 7-4　工业机器人及打磨单元　　　　图 7-5　激光雕刻单元

6．仓储单元

仓储单元由 S7-1200 PLC 模块、分布式远程 IO 模块、IO-LINK-MASTER 模块、IO-LINK-DEVICE 模块、RFID 产品追溯模块、巷道机模块、步进电机控制系统、立体仓库、双皮带输送模块、工装定位举升模块、工装缓冲模块、工装编码模块、智慧能源管理模块、型材桌体模块、多视角主令模块、智能电气接口模块、电源控制模块和附件等组成，如图 7-6 所示。

7.1.4　系统设计

系统整体由多个单元模块组成，平台采用铝合金型材结构，配有供料单元、检测与分类单元、程序烧录装配单元、工业机器人打磨单元、激光雕刻单元、仓储单元等多个工作单元，如图 7-7 所示。

图 7-6　仓储单元

图 7-7　系统整体组成

系统网络主要由 PLC、RFID、变频、伺服、远程 IO、工业交换机等构成，其拓扑图如图 7-8 所示。

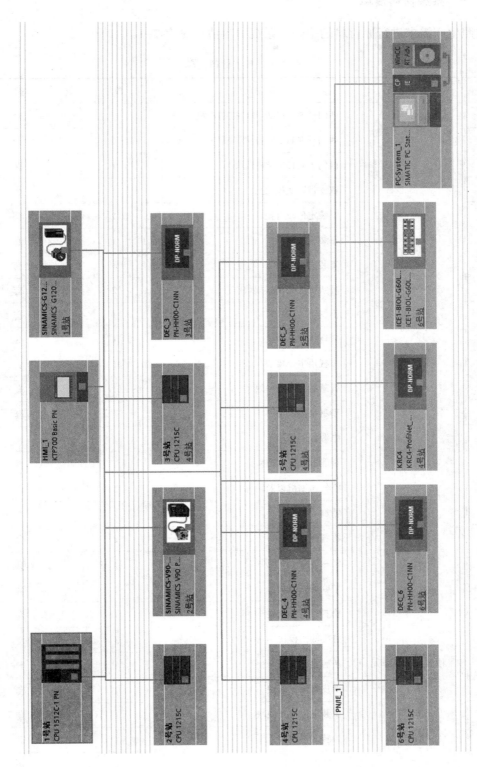

图 7-8　系统网络拓扑图

7.1.5 系统材料清单

按照生产需求进行原材料的采购，系统材料清单见表 7-1。

表 7-1 系统材料清单

序号	工艺单元	设备名称	数量	单位
1		西门子 S7-1200 PLC 控制模块	1	套
2		西门子 KTP700 触摸屏模块	1	套
3		西门子 G120 变频模块	1	套
4		双皮带输送模块	1	套
5		工装定位举升模块	1	套
6		工装缓冲模块	1	套
7		工装编码模块	1	套
8		呼叫机上壳供料模块	2	套
9		供料台	1	套
10	供料单元	搬运机械手	1	套
11		多视角主令模块	1	套
12		智慧能源管理模块	1	套
13		型材桌体模块	1	套
14		电源控制模块	1	套
15		智能电气接口模块	1	套
16		空气压缩机以及附件	1	台
17		物料	1	套
18		物料托盘	1	套
19		S7-1200PLC 模块	1	套
20		V90 伺服模块	1	套
21		物料搬运手模块	1	套
22		分类输出模块	3	套
23	检测与分类单元	传感检测模块	1	套
24		双皮带输送模块	1	套
25		工装定位举升模块	1	套
26		工装缓冲模块	1	套
27		工装编码模块	1	套

序号	工艺单元	设备名称	数量	单位
28	检测与分类单元	多视角主令模块	1	套
29		智慧能源管理模块	1	套
30		型材桌体模块	1	套
31		电源控制模块	1	套
32		智能电气接口模块	1	套
33	程序烧录装配单元	S7-1200 PLC 模块	1	套
34		分布式远程 IO 模块	1	套
35		烧录压合工装夹具	1	套
36		烧录模块	1	套
37		压合模块	1	套
38		双皮带输送模块	1	套
39		工装定位举升模块	1	套
40		工装缓冲模块	1	套
41		工装编码模块	1	套
42		多视角主令模块	1	套
43		智慧能源管理模块	1	套
44		型材桌体模块	1	套
45	工业机器人及打磨单元	S7-1200 PLC 模块	1	套
46		分布式远程 IO 模块	1	套
47		工业机器人	1	套
48		工业安全模块	1	套
49		打磨模块	1	套
50		仓储模块	1	套
51		双皮带输送模块	1	套
52		工装定位举升模块	1	套
53		工装缓冲模块	1	套
54		工装编码模块	1	套
55		多视角主令模块	1	套
56		智慧能源管理模块	1	套

序号	工艺单元	设备名称	数量	单位
57		型材桌体模块	1	套
58	工业机器人打磨单元	电源控制模块	1	套
59		智能电气接口模块	1	套
60		S7-1200 PLC 模块	1	套
61		分布式远程 IO 模块	1	套
62		激光雕刻机	1	套
63		激光雕刻电控系统	1	套
64		激光雕刻软件	1	套
65		激光烟雾净化模块	1	套
66		机器视觉检测模块	1	套
67		双皮带输送模块	1	套
68	激光雕刻单元	工装定位举升模块	1	套
69		工装缓冲模块	1	套
70		工装编码模块	1	套
71		多视角主令模块	1	套
72		智慧能源管理模块	1	套
73		型材桌体模块	1	套
74		电源控制模块	1	套
75		智能电气接口模块	1	套
76		西门子 S7-1200 小型 PLC	1	套
77		分布式远程 IO 模块	1	套
78		IO-LINK-MASTER 模块	1	套
79		IO-LINK-DEVICE 模块	1	套
80		RFID 产品追溯模块	1	套
81	仓储单元	巷道机模块	1	套
82		步进电机控制模块	1	套
83		立体仓库	1	套
84		仓库平台	1	套
85		双皮带输送模块	1	套

序号	工艺单元	设备名称	数量	单位
86	仓储单元	工装定位举升模块	1	套
87		工装缓冲模块	1	套
88		工装编码模块	1	套
89		多视角主令模块	1	套
90		智慧能源管理模块	1	套
91		型材桌体模块	1	套
92		电源控制模块	1	套
93		智能电气接口模块	1	套
94	MES 系统	MES 系统	1	套

7.1.6 研发调试

在设备出厂前，需要对设备进行现场运行和调试，执行设备安装和调试，跟进设备的使用情况并做进一步改进。调试过程中，首先要根据系统要求进行模块的调试，仔细核对模块参数是否符合要求。智能产线系统由多个工作站组成，需要完成单个工作站的调试后再进行前站与后站的联机调试，设备需要经过长时间的运行，以此来检测设备工作的稳定性。在调试完一台完整的样机设备后，要对调试过程中遇到的问题进行记录备档，对设备进行不断优化，确保设备的可靠性和正常运行。

7.2　生产工艺流程

7.2.1 机械模块组装

机械模块组装前，应了解设备的结构、装配技术和工艺要求。组装环境要求清洁，不得有粉尘或其他污染，零件应存放在干燥、无尘、有防护垫的场所。组装时，零件、工具应有专门的摆放设施，原则上零件、工具不允许摆放在机器上或直接放在地上。对机械模块进行组装时，应注意装配方法与装配顺序，注意采用合适的工具及设备，严格按照装配图纸及工艺要求进行装配。装配的零件必须是质检部验收合格的零件，相配零件的配合尺寸要准确。遇到有装配困难的情况，应分析原因，排除障碍，禁止乱敲猛打。每一个部件装配完毕，必须仔细检查和清理，防止有遗漏和未装的零部件，同时也要防止将工具、多余零件密封在箱壳之中造成事故。

7.2.2 系统布线

系统中所有连线都应本着"走短线、近距离"的原则布线，电线、气管布线要整齐美观，使用线槽走线，多根导线同时走线时，应按照并排平行方式布线，严禁缠绕交叉。接线适当留有余量，导线不可紧绷，走线横平竖直禁止走斜线，电源线与信号线尽量分开走线，避免交叉。接线整齐一致，线号朝正面，线槽内走线整齐，剪掉扎线头，盖好线槽盖，将电气标识牢固贴于对应元器件表面。

对于安装在柜门上或者其他活动部件上的器件，应选用软线连接，导线长度应以活动门开启到最大时导线不受张力和拉力的影响为原则。设备每个电气装置都必须单独、可靠接地，电气装置出现故障时，可以保护人员安全，防止触电。

7.2.3 电气调试

电气调试前，必须熟悉电气设备与电气系统的性能，可用万用表辅助进行通电前的短路检查和断路检查。对照原理图、接线图，检查各元器件的安装位置是否正确，外观是否整洁、美观，柜内外接线是否正确，检查线号、端子号有无错误。为了减少不必要的损失，要在通电前进行输入电源的电压检查确认，是否与原理图所要求的电压一致，避免电源的输入端与输出端反接，对元器件造成损害。

调试时，需将写好的程序下载到相应的系统内，并检查系统的报警。如果出现一些系统报警，一般是内部参数没设定或是外部条件所导致。需要根据调试经验进行判断，首先检查配线是否正确。如果还不能解决故障报警，再对 PLC 的内部程序进行详细的分析，逐步分析确保正确。设备联机调试完毕后，最后进行报检。

7.3 产线系统运行

7.3.1 系统通电及初始状态

将每个工位的电源开关（即断路器）置于通电状态，气源处于打开状态。

工位 4：机器人通电，机器人处于安全位置时，在示教器上运行机器人程序。机器人首先会回到 home 位置，然后等待 4 站 PLC 的启动信号。

工位 6：系统通电，通过触摸屏进入自动模式，通过单击"自动运行控制画面"内的"盘库"按钮，工位 6 自动进行盘库，并记录库位信息。盘库完成后，单击选择画面返回主画面，初始化完成。

各单元设备复位，系统处于等待开始运行状态，可选择 MES 模式启动，也可选择非MES 模式启动。

7.3.2 MES 模式，系统启动

操作人员在触摸屏初始画面单击"MES 画面"。

在弹出页面中单击"全部 MES 模式"，系统进入 MES 模式。

单击"全部启动"，系统开始运行。

操作人员在 MES 下单（可以设定订单数量、物料颜色、烧录音乐）。

7.3.3 非 MES 模式，系统自动运行

操作人员在触摸屏初始画面单击"MES 画面"。

在弹出页面中单击"全部非 MES 模式"，系统进入非 MES 模式。

工位 1 设定：单击"自动调节"，弹出"工位 1 手动界面"。

单击切换"A 库供料""B 库供料"，设定具体的供料库。

工位 2 设定：单击"工位 2 手动"，弹出"工位 2 手动界面"，单击切换"黄色有效""蓝色有效"，设定具体的分拣信息。

设定完成后，操作人员在触摸屏初始画面依次单击"MES 画面"和"全部启动"，系统根据设定开始运行。

7.3.4 系统运行

1．供料单元

客户在 MES 端下达订单，定制自己的产品，包括颜色、材质以及所需雕刻的文字和烧录的音乐，根据客户信息启动系统运行，对到来的工装进行编码配置，锁定订单与工装的关系，举升模块举升，将工装托起，等待搬运机械手上料，根据客户订单，呼叫机上壳供料模块将呼叫机上壳推送到供料台，由搬运机械手将其搬运到双皮带输送模块的举升工位上，举升模块下降，双皮带输送单元将工装输送去下一个工序。

①自动模式运行：初始设置先通过工位 1 手动界面切换选择"A 库供料""B 库供料"设定具体的供料库。启动系统运行，对到来的工装进行编码配置，锁定"A 库供料"或"B 库供料"与工装的关系，举升模块举升，将工装托起，等待搬运机械手上料，对应供料库内的呼叫机上壳自动送出，呼叫机上壳供料模块将呼叫机上壳推送到供料台，由搬运机械手将其搬运到双皮带输送模块的举升工位上，举升模块下降，双皮带输送单元将工装输送去下一个工序。

②手动模式：在触摸屏初始画面中，单击"手动调节"，在切换的页面中工位 1 手动界面，画面将显示本单元对应的硬件接线 IO 点的状态，可通过单击此画面按钮，结合 IO 分配表测试元器件的安装位置，可手动设定皮带启停速度。

2．检测与分类单元

接收来自供料单元（工位 1）的工件，根据编码数据或 MES 模式下的下单数据集，核对订单，查看是否需要在本工艺环节进行处理，如果需要处理，物料运行至检测与分类单元，将"黄色有效"或"蓝色有效"的工件进行放行，由物料搬运手模块将无效工件（呼

叫机上壳）从双皮带输送模块上抓起，升降汽缸提升 30 mm 行程，通过伺服电机将工件横移至分类输出模块上方进行分类。无效工件被抓走后，托盘放行，进行循环状态。

3. 程序烧录装配单元

根据编码数据核对订单，查看是否需要在本工艺环节进行处理，如果需要处理，物料运行至工业机器人单元，由工业机器人进行搬运。工业机器人首先将呼叫机底壳模块由仓库搬运至烧录平台，固定呼叫机底壳，烧录汽缸伸出，烧录汽缸下降，MES 开始烧录客户定制的音乐，烧录完成后，烧录汽缸抬起，烧录汽缸缩回，机器人将呼叫机上盖固定物料汽缸放开，工装夹具汽缸将其运送到压合模块下方，压合模块压合，将呼叫机安装完成，夹具汽缸运动到取放料工位，机器人将其搬运至双皮带单元上。

4. 工业机器人及打磨单元

根据编码数据核对订单，查看是否需要在本工艺环节进行处理，如果需要处理，物料运行至工业机器人单元，由工业机器人进行搬运。工业机器人首先将呼叫机底壳模块由仓库搬运至烧录装配平台，由烧录装配平台进行烧录装配，完成任务后，搬运至打磨台进行打磨，打磨完成后，由机器人将其搬运到双皮带单元上。

5. 激光雕刻单元

根据编码数据核对订单，查看是否需要在本工艺环节进行处理，如果需要处理，则由工装定位举升，激光雕刻机开始雕刻，雕刻完成后，运送至视觉检测单元进行检测，检测完成后放行至下一工位。

6. 仓储单元

根据编码数据核对订单，查看是否需要在本工艺环节进行处理。如果需要处理，则由工装定位举升，巷道机开始工作，将物料入库，将工件放行至下一工艺环节。

7. MES 系统

MES 系统通过采集设备数据，实时监控设备的运行情况，实现系统管理、系统监控、主数据管理、订单管理等功能。主要功能模块如下。

（1）系统管理。

①用户管理：为 MES 系统添加用户，修改用户密码。

②权限管理：为用户分配权限。

（2）系统监控。

①定时任务：页面执行可操作定时任务。

②数据监控：数据库进行监控，可以查看查询语句、进行数据库慢查询等，监控对系统调优调试有帮助。

③服务监控：监控当前服务器状态。

（3）主数据管理。

①客户管理：对客户信息进行管理，如录入、修改、查询等。

②站点管理：对工作站基础数据录入、工作站的运行监控、工作站与设备的关系、工作站数据等进行管理。

③操作管理：设备工作的最小单位，操作有名称、参数和所需物料，每个操作需要

指定具体设备。

④工作计划：工作计划是对操作的管理和编排，如工作计划包含 n 个操作以及它们的逻辑关系、所需数据，工作计划需要指定具体的半成品或成品物料。

（4）订单管理。

①客户订单：客户指定产品进行加工。用户填写基本信息，如成品及数量、日期等生成订单。

②生产订单：开启订单后，系统会根据成品数划分成 n 个子订单执行，可以查看子订单的运行状态和甘特图时间轴，并且可以进行智能订单加工排序。

7.4 设备注意事项及日常维护

7.4.1 用户操作注意事项

在使用设备时，请先阅读设备使用手册，严格按照说明书的操作规范进行操作，并在对设备熟悉的指导教师的指导下进行操作训练。在使用时，重点注意以下事项：

（1）确保系统电源接线正确。

（2）确保系统可靠接地。

（3）确保系统无短路。

（4）确保系统连线正确无误。

（5）在使用相关器件前必须仔细阅读各部件的使用手册。

（6）如果有异常，立即切断电源。

（7）要注意贴有防触碰标志设备，避免接触。

实训操作基本步骤如下：

步骤一，用编程电缆将 PLC 与编程器（计算机）进行连接。

步骤二，打开编程软件，根据所选的机型新建一个窗口。

步骤三，按照实验要求，检查系统电路的连接是否正确。

步骤四，根据所选模块或整个系统的控制流程，按照实训要求，进行编程。

7.4.2 用户日常维护

在日常使用设备后，需定时对设备进行固定保养，防止在设备使用过程中的不当行为对下次实训课程及设备的长期运行造成不利影响。

设备维护操作流程如下。

未通电前要检查设备器件是否存在松动或者掉落情况，并且针对设备需要重新接线的，同样要在未通电前对设备进行检查，查看是否存在接线错误、短路等现象，防止因短路造成设备损坏。

通电后检查设备各单元是否正常通电启动，启动完毕后检查各单元信号是否正常，有无信号丢失或者信号点错位的情况。

检查传感器信号是否正常输出，根据传感器的调节原理进行调节，确保传感器的信号能正常输出。

7.5 社会化成果

7.5.1 教育教学

1．中等职业学校

机电技术应用、机电设备安装与维修、电气运行与控制、电气技术应用、工业机器人技术应用、机械制造技术、数控技术应用、船舶机械装置安装与维修等相关专业。

2．高等职业学校

机电一体化技术、电气自动化技术、工业过程自动化技术、智能控制技术、工业机器人技术、机械制造与自动化、自动化生产设备应用、工业网络技术、物联网应用技术、机电设备维修与管理、数控设备应用与维护、船舶电气工程技术等相关专业。

3．应用型本科院校

机械电子工程、自动化、电气工程及其自动化、机械设计制造及其自动化、机械工程、过程装备与控制工程、机器人工程、电气工程与智能控制等相关专业。

7.5.2 工厂应用

智能产线可以实现智能工厂的制造管控透明化，将全自动网络应用到智能工厂中，在生产和装配的过程中，通过传感器或 RFID 自动进行数据采集，并通过电子看板显示实时的生产状态。工厂生产中的产品数、生产材料出入、生产流程、各环节指标等信息都会通过全自动化网络，及时传输到工厂的生产管理部门，生产管理部门对生产环节中的各项信息可以进行实时监管，本系统能够通过机器视觉和多种传感器进行质量检测，自动剔除不合格产品，极大程度地减少产品质量问题和生产材料的浪费情况，并可以根据全自动化网络中的生产信息对生产流程进行优化改良，支持多种相似产品的混线生产和装配，灵活调整工艺，适应小批量、多品种的定制化生产模式，提高生产效率，降低生产成本。同时具有柔性特征，如果生产线上有某一设备故障，能够通过调整定制化内容将生产流程调整到其他设备继续生产。基于人工操作工位，给予智能产线状态信息提示，为设备运行维护提供数据支持。

智能产线设备的不断优化使各大工厂的生产效率不断提高，智能产线代替人工安装和检验极其精密的电子零件，可减少人工失误所造成的原料损失，大幅度提高产品的质量和生产效率。另外，有些电子产品对防静电有特殊的要求，全自动机械手和全自动传输带的应用有效降低了静电对电子产品的伤害，提高了工作效率和产品质量，同时也提升了企业的经济效益。

7.5.3 智能产线运行与维护等级考核

智能产线控制与运维以初级、中级、高级职业技能课程为导向，实现从方案视图设计、应用程序开发、设备安装调试到系统运行维护的基础认知，再到实际项目工程的系统化学习过程，让学生以丰富的知识技能通过职业技能等级证书考核，推进"1"和"X"的有机衔接，提升职业教育质量和学生的就业能力。

【智能产线运行与维护】（初级）：能识别智能产线中各种元器件及设备，掌握其使用功能及工作原理，能正确使用智能产线常见的各种工器具。能根据图纸，安装、铺设、连接各元器件、线缆和网络，能对生产线安装的各元器件进行检查确认。能根据图纸设计要求，对智能产线中的传感器、电机、变频器、网络基本参数进行设置，能检测设备的基本功能。能手动对智能产线单站设备进行操作，能对 MES 进行简单操作。能根据点巡检管理制度，对机械、电气、网络、软件进行日常点检及维护管理。

【智能产线运行与维护】（中级）：能根据工艺要求对电机、变频器参数进行优化，能够对工业相机、RFID、工控软件参数进行修改设置，能对 MES 进行参数设置、网络测试、排产。能根据生产要求，对智能产线进行正确停复役操作，能对智能产线进行单机操作和控制。能够根据工艺对设备机械、电气系统进行调整。掌握 PLC、人机界面、视觉系统、RFID 程序编写，能根据任务要求编写智能产线运行程序。能编制机械、电气设备的维护保养管理制度和点巡检管理制度，能够用工量具查故、排故，能够安装工控软件，并能对工控软件参数进行调整。

【智能产线运行与维护】（高级）：能根据生产要求，通过人机交互界面熟练操作控制整线设备运行，熟练操作 MES 多任务导入及排产下单。能根据生产工况，分析调整生产流程，提高生产效率。能根据设备运行维护相关手册，对智能产线进行管理。能根据生产工艺的变化和技术发展，优化或升级改造智能产线。能编制相关程序，优化机械、电气设备、运行参数等。

电子技术国赛　　　肯拓（天津）工业自动
项目介绍　　　　　化技术有限公司介绍

参 考 文 献

[1] 门宏. 电子元器件识别与检测 [M]. 5 版. 北京：人民邮电出版社，2021.

[2] 吕国泰，白明友. 电子技术 [M]. 5 版. 北京：高等教育出版社，2019.

[3] 国家机械工业委员会. 电工测量 [M]. 北京：机械工业出版社，1988.

[4] 赵清. 电工识图 [M]. 北京：电子工业出版社，1998.

[5] 曹建林，魏巍. 电工电子技术 [M]. 北京：高等教育出版社，2021.

[6] 杨清德. 柯世民. 电子元器件的识别与检测 [M]. 北京：机械工业出版社，2018.

[7] 韩广兴. 电子元器件的识别与检测 [M]. 北京：电子工业出版社，2019.

[8] 王炳勋. 电工实训教程 [M]. 北京：机械工业出版社，1999.

[9] 曾祥福. 电工技能与训练 [M]. 北京：高等教育出版社，1994.

[10] 杨奕. 电工电子技术实验 [M]. 北京：高等教育出版社，2013.

[11] 陶希平. 模拟电子技术基础 [M]. 北京：化学工业出版社，2013.

[12] 唐程山. 电子技术基础 [M]. 2 版. 北京：高等教育出版社，2012.

[13] 揭荣金. 应用电子技术 [M]. 北京：北京邮电大学出版社，2011.

[14] 廖芳，熊增举. 电子产品制作工艺与实训 [M]. 5 版. 北京：电子工业出版社，2022.

[15] 刘红兵，赵巧妮. 电子产品的生产与检验 [M]. 2 版. 北京：高等教育出版社，2022.

[16] 刘炳海. 从零开始学电子电路设计 [M]. 北京：化学工业出版社，2020.

[17] 胡峥. 电子产品结构与工艺 [M]. 北京：高等教育出版社，2021.

[18] 王卫平，陈粟宋，肖文平. 电子产品制造工艺 [M]. 北京：高等教育出版社，2013.

[19] 徐根耀. 电子元器件与电子制作 [M]. 北京：北京理工大学出版社，2021.

[20] 韩广兴. 电子元器件识别检测与焊接 [M]. 北京：电子工业出版社，2019.

[21] 杨清德，柯世民. 电子元器件的识别与检测 [M]. 北京：机械工业出版社，2021.